核动力厂和研究堆
术语、缩略语手册

Nuclear Power Plant and Research Reactor
Glossary and Abbreviations Handbook

（2025 版）

生态环境部核与辐射安全中心　编著

中国环境出版集团·北京

图书在版编目（CIP）数据

核动力厂和研究堆术语、缩略语手册：2025版／生
态环境部核与辐射安全中心编著. -- 北京：中国环境出
版集团，2025. 5. - ISBN 978-7-5111-6214-4

Ⅰ. TM623-61；TL411-61

中国国家版本馆 CIP 数据核字第 2025WV1897 号

责任编辑	董蓓蓓
封面设计	宋 瑞

出版发行	中国环境出版集团
	（100062 北京市东城区广渠门内大街 16 号）
	网　　址：http://www.cesp.com.cn
	电子邮箱：bjgl@cesp.com.cn
	联系电话：010-67112765（编辑管理部）
	发行热线：010-67125803，010-67113405（传真）
印　　刷	北京中科印刷有限公司
经　　销	各地新华书店
版　　次	2025 年 5 月第 1 版
印　　次	2025 年 5 月第 1 次印刷
开　　本	880×1230　1/32
印　　张	7.5
字　　数	200 千字
定　　价	52.00 元

前　言

　　核安全是核事业发展的生命线。多年来，我国建立了较为完整的核与辐射安全法规标准体系，实施了有效和独立的安全监管，有力地推动了核事业的安全、健康、可持续发展。我国现行的核与辐射安全法规、核动力厂和研究堆相关的国家标准、生态环境标准以及经认可的能源标准共计两百余项，其中包含了大量的专业术语。然而，在法规标准的制（修）订和审查过程中，我们发现不同的法规标准以及其他出版物中对很多术语概念有着不同的解释，并存在适用范围过窄、描述不准确、较为科普化等问题。另外，由于我国部分核与辐射安全法规标准是以国际原子能机构（IAEA）等发布的国外文件为蓝本转化而来的，对同一术语概念的翻译存在一定差异，给使用者和阅读者造成了较多的困惑。术语是沟通的基本元素，编制统一、简洁、准确的术语及定义是十分有必要的。

　　生态环境部（国家核安全局）于 2021 年着手开展了核动力厂和研究堆核安全相关术语、缩略语的汇编工作，《核动力厂和研究堆术语、缩略语手册（2025 版）》即是以此项工作为基础编制的。手册全面收集了我国已经发布施行的核与辐射安全法律、行政法规、部门规章、规范性文件、核安全导则、国家标准、行业标准、百科全书等文件，参考了 IAEA 安全和安保术语以及美国核管理委员会（NRC）缩略语等国内外相关文献，以条目的形式对我国核动力厂和研究堆相关术语、缩略语进行了全面、系统的梳理，对部分术语给出了必要的解释说明，其目的主要是统一我国核动力厂和研究堆核安全相关工作中术语、缩略语的表述，帮助使用者准确理解相关术语的含义，规范术语、缩略语的使用，为核与辐射安全法规标准和其他出版物的起草者和审阅者提供指导，也可作为从业人员的词典手册使用。

本手册适用于核动力厂和研究堆核安全相关的术语、缩略语，一般不包括核物理基本术语（如衰变、裂变、放射性核素等）和其他特殊专业（如气象学、医学、计算学等领域）的术语，共计术语 1040 项，英文缩略语 447 项。

本手册中所述"核设施"一般适用于核动力厂和研究堆，不包括核燃料循环以及放射性废物处理、贮存、处置等其他核设施。本手册中所述"辐射"指电离辐射。对于我国核与辐射安全法规标准中的术语，本手册原则上保留了原定义，因此手册中会出现"核动力厂"和"核电厂"、"构筑物、系统和设备"和"构筑物、系统和部件"等不同表述，一般情况下可以通用；对于核动力厂的相关术语定义，研究堆可视情况适用；手册保留了原法规标准中术语的"注"，对于部分术语编者根据各方面的意见以"释"的形式进行了补充说明。

本手册对同一范畴的术语进行了归纳编排，如将"运行状态""事故工况"等术语全部纳入"核动力厂状态"术语条目下，以方便参考阅读。

本手册对相关术语的英语翻译进行了统一处理，如"assessment"翻译为"评价"，"evaluation"翻译为"评估"，"老化"统一使用"ageing"，"状态"为"state"，"工况"为"condition"等，但为了保持法规标准中的原文或行业实践情况，个别用语翻译可能存在不一致的情况。

查询方式：术语按汉语拼音字母次序排序；缩略语按英文字母次序排序。术语索引按照术语的英文字母次序排列。

本手册由黄力、何理、张弛统稿，各领域章节负责人如下，核设施安全：张巧娥；核燃料循环与废物安全：刘婷；分析与软件评价：樊赟；仪控电与机械：宋大虎；应急与辐射安全：孟德；核安全标准：孙海涛、邓志成；辐射环境监测：孙学智；核安全文化：杨岩飞；核安全政策：安洪振；核安全监管：郑洁莹；管理体系：

姚雨彤；经验反馈：张泽宇、陈宝龙；反应堆与安全分析：郑继业、冯进军、杨志义；系统设备材料：文静、孙奕昀；厂址与土建：胡勐乾、荆旭、纪忠华、郭星；总体运行与质量保证：别业旺、闫修平、田丰；老化评估与安全改造：侯春林、吕云鹤、李仲勋、马若群；核燃料与运输安保：张敏、张亮；乏燃料与放射性废物：张晶、王春丽、张春龙、祝兆文、蒋婧；辐射防护与环境影响评估：张亚男、王逊。感谢齐媛在文本编制设计上的指导。感谢中国核动力研究设计院张丹老师等的大力支持。本手册的编纂是核安全基础工作中的一个初步探索，欢迎业界同仁对本手册中的不足之处进行批评、指正，我们也期望能定期对本手册进行升版，共同完善、提升我们对核安全领域基本概念的理解与认识，推进以高水平核安全保障核事业高质量发展。

编著组

2025 年 3 月于北京

目　录

A

安全（核安全）safety（nuclear safety）

对核设施、核材料及相关放射性废物采取充分的预防、保护、缓解和监管等安全措施，防止由于技术原因、人为原因或者自然灾害造成核事故，最大限度地减轻核事故情况下的放射性后果。

释：1. 此定义来源于《中华人民共和国核安全法》的第二条。我国《核电厂质量保证安全规定》等核安全法规中对"核安全"也有明确定义。

2. 在国际原子能机构（IAEA）术语中定义为"The achievement of proper operating conditions，prevention of accidents and mitigation of accident consequences，resulting in protection of workers，the public and the environment from undue radiation risks." 可译为："正确运行工况的完成、事故预防和事故后果的缓解，从而保护工作人员、公众和环境免受不当的辐射危害。"

防护与安全 protection and safety：保护人员免受电离辐射或放射性物质的照射和保持实践中源的安全，包括为实现这种防护与安全的措施，如使人员的剂量和危险保持在可合理达到的尽量低水平并低于规定约束值的各种方法或设备，以及防止事故和缓解事故后果的各种措施等。

释：按照 IAEA 的理念，此术语涵盖了核安全、辐射安全、放射性废物管理安全和放射性物质运输安全。但什么是"辐射安全"，在 IAEA 的术语中并未进行定义，根据 IAEA 的安全标准体系，"辐射安全"的概念基本集中于在核技术利用领域使用，这与我国核与辐射安全法规中只在核技术利用领域明确使用了"辐射安全"这个术语是一致的。

我国法规标准中尚无"辐射安全"术语的定义，但很显然，在我国"辐射安全"的概念是不仅仅只存在于核技术利用领域的，在核设施和铀矿等行业中对此概念也多有实践，此种实践，类似于"防护与安全"的概念范畴。我国相关出版物中对"辐射安全"有如下论述：

1. 辐射安全是指与工作人员直接有关的辐射防护问题。它与国外"运行保健物理"的含义相近。（《辐射防护手册　第三分册　辐射安全》，李德平、潘自强，原子能出版社，1990 年）

2. 辐射防护是研究人类和环境免受电离辐射危害，保护工作人员安全和健康，保护公众和环境，促进核能和核技术发展的实用性学科。IAEA 称之为"辐射安全"。（《辐射安全手册精编》，潘自强，科学出版社，2014 年）

3.辐射安全是指意在最大限度地减少涉及放射性物质与射线装置事故的可能性并在发生事故时减轻其后果的措施。（《电离辐射防护与安全基础》，杨朝文，原子能出版社，2009 年）

安全参数显示系统　safety parameter display system（SPDS）

将表征核设施安全状况的重要参数集中显示的系统。

注：主要包括反应性控制、反应堆冷却剂系统的完整性、堆芯冷却和从反应堆冷却剂系统排出的热量、放射性控制、安全壳的完整性等参数和状态。

安全层　safety layers

用来确保实现所需安全功能的软硬件设施或管理控制措施。

注：经常表示为，

1. 硬件，即非能动和能动安全系统；

2. 软件，包括人员和程序以及计算机软件；

3. 管理控制，尤其是通过质量管理、预防性维修、监督检验等防止纵深防御的降级，并对确已出现的降级的经验反馈作出适当的反应（如确定根本原因和采取纠正行动）。

安全等级　safety class

见"安全分级"。

安全端　safe end

为了使反应堆冷却剂系统各设备接管和反应堆冷却剂管道之间实现可靠的异种金属连接而在设备接管端部预先焊上的一段接管。

释：英文按照业界实践采用 safe end。

安全分级 safety classification

根据核设施物项的功能和安全重要性，将构筑物、系统和设备（部件）划分为若干个安全等级的过程和方法。

安全等级 safety class: 根据核设施物项的功能和安全重要性，将构筑物、系统和设备（部件）划分为若干个级别。

注：设计应确保在较低安全级别的系统中，任何安全重要物项的故障不会传播到较高安全级别的系统中。执行多种功能的设备项，须按照与设备项执行最重要功能相一致的安全级进行划分。

安全分类 safety categorization

根据安全重要性，将满足不同核动力厂状态（包括所有正常运行模式）主要安全功能所需的功能划分为若干个安全类别。

安全分析 safety analysis

对有关设施运行或所进行活动的潜在危害的评估。

注：1. 正式的安全分析是整体安全评价的一部分；即，它是整个设计过程（以及设施或活动的生命周期）中进行的系统过程的一部分，以确保拟定（或实际）的设计满足所有相关安全要求。

2. 安全分析常与安全评价互换使用。然而在区分二者很重要时，应将安全分析用于指安全研究的一个成文过程，而安全评价用于指安全评估的一个成文过程。如危害程度的评估、安全措施的性能及其充分性的评估、设施或活动的总体放射性影响或者设施或活动的安全性的定量分析。

安全分析报告 safety analysis report

营运单位为获得选址、建造、运行和退役许可而向国家核安全局提交审查的，用于证明设施的安全性能满足国家核安全法规要求的文件。

注：安全分析报告包括核设施选址安全分析报告、初步安全分析报

告、最终安全分析报告和退役安全分析报告。

安全功能　safety function

为了保证设施或活动能够预防和缓解核动力厂正常运行、预计运行瞬态和事故工况下的放射性后果，保证安全而必须达到的特定目的。

释：按照目前核动力厂状态的划分，预计运行瞬态应表述为预计运行事件。

安全基准　safety basis

在核设施运行许可证申请和运行期间，营运单位为满足核安全管理要求所作的，并由国家核安全局批准或认可的承诺。

安全基准应当包括：

1. 有效的核设施安全分析报告中与安全重要物项有关的内容及安全重要物项设计、建造、运行所遵循的核安全标准和规范；

2. 由国家核安全局批准的其他核设施运行许可证申请文件；

3. 没有纳入安全分析报告的国家核安全局所要求或批准的安全重要修改；

4. 核设施运行许可证条件；

5. 在核安全审评或检查等活动中，营运单位为满足核安全管理要求向国家核安全局所作的书面承诺。

安全级物项　safety items

见"物项"。

（进口设备）安全检验（imported equipment）safety inspection

在境外单位检验合格，以及民用核设施营运单位监造、装运前检验和监装合格的前提下，对进口民用核安全设备安全性能进行的检查或者验证，包括活动过程中形成的相关文件记录检查、开箱检查，以及安装和装料前调试阶段涉及安全性能的试验检查三个阶段。

安全壳 containment

见“包容”。

安全壳隔离 containment isolation

关闭贯穿安全壳的流体系统中的安全壳隔离阀，将放射性产物封闭在安全壳内。

释：从完整性来说，除关闭安全壳隔离阀外，一般还应包括人员、设备闸门。

安全壳贯穿件 containment penetration assembly

贯穿安全壳并保持安全壳屏障的完整性和密封性的装置。

安全壳局部泄漏率试验 containment local leakage rate test

对安全壳的气密闸门、设备闸门、各类贯穿件和安全壳隔离装置在安全壳设计压力下分别进行的泄漏试验。

安全壳排水地坑（压水堆）containment drainage sump

收集和监测安全壳内各工艺系统泄漏的地坑。

安全壳旁通 containment bypass

安全壳内的放射性核素未被收集和处理而直接释放到环境的现象。

安全壳强度试验 containment endurance test

在规定压力下检验安全壳结构强度的试验。

释：一般指设计压力下进行的定期试验，也可以包括高于设计压力下进行的验收试验。

安全壳氢复合系统 containment hydrogen recombination system

降低安全壳内气体中氢浓度使之不超过形成爆炸混合物限制值

的系统。

安全壳疏水系统　containment drain system

收集和排放安全壳内系统或设备的泄漏水和安全壳内气体中的凝结水的系统。

安全壳泄漏率　containment leakage rate

在规定试验压力、温度及时间内，由安全壳内泄漏到安全壳外的气体质量占安全壳原先所含空气质量的百分数。

安全壳整体泄漏率试验　containment integrated leakage rate test

在试验压力下保持一定时间，测定安全壳内气体泄漏率的试验。

安全停堆　safe shutdown

反应堆具有足够的次临界度，并以可控速率排出堆芯余热，安全壳的密封得到保证，从而使放射性产物的释放保持在允许范围内，以及为维持这些条件所必需的系统在其正常范围内工作的停堆状态。

安全问题　safety issues

对现行安全标准或实践的偏离，或者由核动力厂事件识别的设施设计或实践中的缺陷，由于它们对纵深防御、安全裕度或安全文化的影响而对安全具有潜在影响。

安全系统　safety system

见"物项"。

安全系统辅助设施　safety system support features

见"物项"。

安全系统整定值 safety system settings

为防止出现超过安全限值的状态，在发生预计运行事件或设计基准事故时启动有关自动保护装置的触发点。

安全限值 safety limit

过程变量的各种限值，核电厂在这些限值范围内运行已证明是安全的。

释：定义来源于我国法规，也源自 IAEA，"已证明"表示在所参考的电厂中已有相应实践。

安全有关物项 safety related items

见"物项"。

安全裕度 safety margin

安全限值与运行限值之间的差值，有时也用两限值之比表示。

释：为保障安全，构筑物、系统或设备（部件）具备的额外能力，以便能够应对超出预期的工况以补偿不确定性。

安全执行系统 safety actuation system

见"物项"。

安全指标 safety indicator

在评价中用来衡量一个源或某一设施或活动的放射性影响，或者防护与安全规定执行情况的数量指标。

注：1. 这类量最常用于剂量或危险预测不太可靠的情况。

2. 它们通常是：

（1）对剂量或危险量的说明性预测，用来表明剂量或危险的可能范围，以便与标准进行比较；或

（2）放射性核素浓度或射线通量密度等其他量，认为这些量比较可靠地表征了有关影响，并能与其他相关数据进行比较。

安全重要变量 variable important to safety

表征电厂工艺系统和设备运行状态及其变化趋势的特征量。为实施安全重要的监视、控制和保护功能提供所需信息。

注：变量包括工艺过程的热工量（如温度、压力、流量、液位等），核与辐射量（中子注量率、流体放射性活度、环境辐射剂量）和安全重要设备运行状态特征量（如转速、位移、振动等）。

安全重要岗位 safety important position

核动力厂营运单位组织机构内，执行能影响安全的任务的岗位。

释："能影响安全"指对安全有重要影响。

安全重要物项 safety important items

见"物项"。

安全注入系统 safety injection system

反应堆冷却剂丧失事故后迅速向堆芯注射硼水，为堆芯提供应急和持续冷却的系统。

高压安全注入系统 high head safety injection system: 失水事故后，反应堆冷却剂系统处于高压时投入使用的安全注入系统。

低压安全注入系统 low head safety injection system: 失水事故后，反应堆冷却剂系统压力降到某一定值后投入使用的安全注入系统。

安全注入箱（安注箱）accumulator: 安全注入系统中用氮气加压含硼水的水箱。

注：失水事故时当反应堆冷却剂系统压力低于该箱压力时，自动向堆内迅速注入含硼水。

安全注入箱（安注箱）accumulator

见"安全注入系统"。

安全状态 safety state

核动力厂在发生预计运行事件或事故工况后，反应堆处于次临界，并能够保证基本安全功能且长期保持稳定的状态。

安全组合 safety group

用于完成某一特定假设始发事件下所必需的各种动作的设备组合，其使命是防止预计运行事件和设计基准事故的后果超过设计基准中的规定限值。

B

（燃料）包壳（fuel）cladding

包覆和封闭核燃料或其他材料的外套。用以保护核燃料或其他材料不受化学性质活泼的环境介质的影响，包容被包覆材料在辐照过程中产生的放射性产物，也可提供结构支撑。

包壳鼓胀 cladding ballooning

事故时，燃料元件包壳内压力和包壳温度过高，使包壳所受应力超过它的弹性极限而引起包壳出现鼓包的现象。

释：也称包壳肿胀。

包络分析 bounding analysis

采用假设使评估结果等同或超过所有可能结果中最严重结果的分析。

包容 containment

包围含放射性物质的反应堆主要部件的屏障，设计用以防止和缓解在运行状态或设计基准事故中放射性物质向环境的失控释放。

释：旨在防止或控制放射性物质释放和弥散的方法或实体结构。

安全壳 containment: 为防止核反应堆在运行或发生事故时放射性核素外逸而设置的密闭构筑物称为安全壳。安全壳按结构可分为单层安全壳和双层安全壳。对于双层安全壳，内层安全壳主要承受事故压力，外层安全壳起生物屏蔽及外部事件保护作用，两层安全壳之间留有环形空间，可维持一定的负压。

释：安全壳不一定具备承压功能，如高温气冷堆。外层安全壳也称二次包容壳。

保护区 protected area

见"保卫区域"。

保护系统 protection system

见"物项"。

保卫区域 security area

包括控制区、保护区、要害区（或内区）等需要保护和控制出入的区域。

释：控制区以外的场区也称警戒区或监视区。

控制区 control access area: 任何采用临时措施或永久屏障设定的、具有明显界线的和出入受到控制的区域，它能隔离开在该区域内的核材料、设备和人员。

释：一般也称单围墙区域。

保护区 protected area: 处于控制区内，始终受到警卫或电子装置严格监控的区域，其周界具有报警监视设备及完整可靠的实体屏障，出入口受到人防和技防措施的严格控制。

释：一般也称双围墙区域，包含核岛和常规岛。

要害区 vital area: 处于保护区内，存有设备、系统、装置或核材料的区域，若遭到破坏，就可能直接或间接地导致不可接受的放射性后果。

释：包含反应堆厂房、主控室等重要厂房和区域。

报警抑制 alarm suppression

阻止对当前运行无关的报警信息显示的一种功能。

注：被抑制报警的状态仍可以通过其他方式确定。

报警阈值 alarm threshold

过程值或系统状态，可作为一种参照，用于触发一个报警信号。

注：亦称报警限值或报警整定值。

备用电源 standby power supply

当优先电源不可用时，用于供应电力的电源。

释：除优先电源不可用外，主发电机也不可用。

（放射性）本底（radioactive）background

在没有被测源存在的条件下，所有源的剂量或剂量率（或与剂量或剂量率有关的可观察测定数）。

注：严格来说，该术语适用于对样品的剂量率或计数率进行测量，其中须从所有测量值中减去本底剂量率或计数率。但是在考虑某一特定源（或一组源）的情况下，本底更普遍地用于指其他源的效应。它也适用于剂量或剂量率以外的其他量值，例如环境介质中的活度浓度等。

释：1. 在剂量（率）测量或样品中放射性计数测量时，本底是指由非测量对象所贡献的部分，必须从测量值中减去本底剂量（率）或计数。

2. 对于环境，本底是指在新建设施投料（或装料）运行之前或在某项设施实践开始之前，特定各区域环境中已存在的辐射水平、环境介质中放射性核素的含量。

本底地震 background earthquake

一定地区内没有明显构造标志的最大地震。

本底调查 background investigation

在新建设施投料（或装料）运行之前或在某项设施实践开始之前，对特定区域环境中已存在的辐射水平、环境介质中放射性核素的含量，以及为评价公众剂量所需的环境参数、社会状况所进行的全面调查。

比例分析能力 scalability，scaling

评价从缩比实验台架得到的结果或一个计算子块的建模特征应用于描述真实核动力厂的合适程度的过程。

比燃耗（燃耗深度）specific burnup

反应堆运行期间，由核变换引起的核素浓度的减少；或者单位质量核燃料释放的总能量。

闭合关系式 closure relations

为处理得到预期结果，对场方程进行补充的那些方程和关系式。包括物性定义和描述输运现象的关系式。

避迁 relocation

见"应急防护措施"。

编码实现 coding

编码实现即软件编码和单元测试。软件编码是用编程语言表示计算机程序的过程，将逻辑和数据从设计规格说明（设计描述）转换为编程语言。单元测试（包括部件测试）是指对独立的软件单元（部件）或相关单元（部件）的测试。

编码实现主要包括：开发软件单元（部件）或数据库；编写用于测试软件单元（部件）的测试算例、规程和数据；测试独立软件单元（部件），以确保对设计的正确实现；评价软件编码和测试结果。

变量组 variable group

能单独或组合实施某一功能或表征某一状态的不同类别的变量。

注：如紧急停堆变量组包括稳压器压力和液位、反应堆功率、主蒸汽流量和压力、蒸汽发生器水位、安全壳压力等都能单独触发停堆；安全注射水箱压力和液位组合表征水箱可运行状态。

标定（校准）calibration

在规定的条件下，确定测量仪表或测量系统的指示值、实物量具、参考物质所指示的值与相应标准规定值之间关系的一组操作。

波浪爬高 wave run-up

波浪破碎时水在海滩或构筑物上的上冲。波浪爬高的高度就是水的冲击达到超过静止水面的垂直高度。

波浪增水 wave surge

由于波的作用而导致海岸边水位叠加于风暴潮高度以上的临时升高。

补偿棒 shim rod

补偿反应性和中子注量率分布的长期变化的控制棒（组）。

释：控制棒（组）还包括安全棒、调节棒等可动部件。

补救行动 remedial action

在涉及持续照射的干预情况下，当超过规定的行动水平时所采取的行动，以减少可能受到的照射剂量。

释：补救行动亦可称作防护行动，但防护行动不一定是补救行动。

不符合项 non-conformance

性能、文件或程序方面的缺陷，因而使某一物项的质量变得不可接受或不能确定。

不利因子 disadvantage factor

反应堆栅元内某种材料中的平均中子通量密度与燃料中的平均中子通量密度的比值。

不确定性 uncertainty

此概念有以下三个独立却又有一定关联的定义：

1. 由测量系统从实验中采集到的数据的不准确度；
2. 计算主要安全限制或与性能指标相关的不准确度，这些不准确度的典型来源是试验数据或用于开发分析工具的假定条件；

3. 与近似值和不确定性相关的分析不准确度。

不确定性分析 uncertainty analysis

对解决某一问题所涉及量和得到结果的不确定性和误差范围评估的分析。

不泄漏几率（Λ） nonleakage probability

反应堆内的中子不逸出堆外的几率。

注：该定义中的中子指全部中子或任一给定能群的中子。

不作改进的接收 receipt without improvement

当可以证实不符合项并不影响质量时，接收按原目的使用。

部件 component

见"物项"。

部件响应时间 component response time

从一个部件接到要求处于输出状态的信号到该部件达到规定的输出状态所需的时间。

C

材料平衡区 material balance area（MBA）

核设施中指定的一个区域，其目的是：（a）可确定进入或移出每个 MBA 的每一个运动中的核材料数量；（b）根据规定程序，在必要时可确定每个 MBA 中核材料的实物库存，以便确定材料平衡。

参考水平 reference level

就应急照射情况或现存照射情况而言，剂量、风险或活度浓度水平，超过该水平则不适合计划允许照射发生，而低于该水平将继续实施防护和安全的最优化。

注：参考水平的选取值取决于所考虑的照射的主导情况。

参演人员 drill participants

练习或演习期间在应急组织中担任规定的应急响应角色的人员。

残留剂量（剩余剂量/应急照射残留水平/现存照射）residual dose

防护行动终止（或已决定不采取防护行动）之后预期将会受到的剂量。

注：残留剂量适用于应急照射情况或现存照射情况。

操作干预水平 operational intervention level（OIL）

一组可测量的、环境或食物样品中放射性核素水平或γ辐射水平值，与通用干预水平相对应。

操纵人员（操作人员）operator

《中华人民共和国核安全法》《中华人民共和国民用核设施安全监督管理条例》等法律法规规定的核设施操纵人员或者核设施操

纵员，即在核设施主控室中担任操作或者指导他人操作核设施控制系统工作的运行值班人员。

注：核设施操纵人员执照分《操纵员执照》和《高级操纵员执照》两种。

槽式排放口 discharge point of removal system

核动力厂液态流出物排放槽的出口。

层次分析法 analytical hierarchical process

一种软件基础分析方法，该方法以一种前后一致且可追踪的方式，基于现象和过程，并结合实验数据和专家判断，对核动力厂事故或瞬态响应的重要程度进行有效排序。

柴油发电机组 diesel-generator unit

由柴油机、与柴油机连接的发电机及与其相关的机械、电气辅助系统、控制和保护系统、监测系统所组成的一个独立的交流电源。

应急柴油发电机（应急柴油发电机组）emergency diesel generator: 向核岛提供安全级应急电源的柴油发电机。

常规试验 routine test

在制造期间或制造结束时对每个设备进行的定期试验，以验证该设备满足需求规格书的某些规定。

长期停堆（长期停运）long-term shutdown

核设施运行期间一种较长时间的停堆（运）状态。在此状态下，核设施处于卸料状态，或处于深度次临界状态且无需采取冷却措施，核设施不必采取与正常运行要求完全一致的监测、试验、维护和检查等措施。

厂房应急 plant emergency

见"核事故应急状态"。

厂址选择（选址） siting

为核设施进行调查并选择合适厂址的过程。

场地相关反应谱 site-specific response spectrum

考虑地震环境和场地条件影响所得到的地震反应谱。

场方程 field equations

用于求解所感兴趣的物理量（通常是质量、能量和动量）的输运。

释：描述场（通常指电磁场、流体速度场等矢量场）的运动规律的一个或一组方程，用于求解所感兴趣的物理量（通常是质量、能量和动量）的输运规律。

场内 on-site

见"场区"。

场区 site

具有确定的边界、在营运单位有效控制下的核设施所在区域。

场内 on-site: 营运单位负责制定应急预案和进行应急响应的区域内。

场外 off-site: 场区以外的区域。

场区应急 site area emergency

见"核事故应急状态"。

场外 off-site

见"场区"。

场外应急 off-site emergency，general emergency

见"核事故应急状态"。

超高温气冷（反应）堆 very high-temperature gas-cooled reactor（VHTR）

见"反应堆"。

超临界 supercriticality

能产生链式核裂变反应的介质或系统，在其有效增殖因子 $k_{eff}>1$ 时所处的状态。

超临界水（冷）堆 supercritical water reactor

见"反应堆"。

超设计基准事故 beyond design basis accident（BDBA）

见"核动力厂状态"。

超越国界的大量释放 significant transboundary release

放射性物质的环境释放可能导致超出国界，其剂量或污染水平超过防护行动和其他响应行动的一般标准，包括食品限制和贸易限制。

撤离 evacuation

见"应急防护措施"。

（地面）沉降（ground）subsidence

地面的沉陷或下陷。

成功准则 success criteria

建立在规定的时间内为保证满足安全功能而要求运行的系统或部件的最小数量或组合，或者每个部件运行的最低性能水平的准则。

（柴油发电机组的）**持续功率** continuous rating（of diesel-generator unit）

柴油发电机组在运行环境中每年运行 8760 h（包括计划中的停机维修）条件下输出电功率的能力。

冲刷 scour

河床与河漫滩地由于种种动力成因产生的高程下降。

初始堆芯 initial core

由首次装入反应堆中的核燃料组成的堆芯。

除氘（重水堆） dedeuteration

用轻水置换废树脂中的重水，以回收废树脂中所含重水的工艺。

（放射性废物）**处理**（radioactive waste）treatment

见"放射性废物管理"。

（放射性废物）**处置**（radioactive waste）disposal

见"放射性废物管理"。

传递函数 transfer function

一个用来确定常系数线性系统动态特性的复频响应函数。

注：对于一个理想系统，传递函数为输出与给定输入的拉普拉斯变换之比。

次临界 subcriticality

能产生链式核裂变反应的介质或系统，在其有效增殖因子 $k_{eff}<1$ 时所处的状态。

D

大量放射性释放 large radioactive release

需要厂外防护行动，但是这些行动受到时间长度和使用（释放）区域的限制，从而不足以保护人员和环境而导致的放射性释放。

代表性样品 representative sample

所采的样品能充分反映监测计划关注的采样地点环境介质的总体属性和特征。

带载曲线 load profile

按规定的时序施加负荷（kW 与 kVA）的大小和持续时间，包括各个负载的瞬态和稳态特性。

单道电气导体密封 single electric conductor seal

在安全壳构筑物内外两侧间、沿电气导体轴线的单道压力屏障密封。

单道光纤密封 single optical seal

在安全壳构筑物内外两侧间、沿光纤轴线的单道压力屏障密封。

单道开孔密封 single aperture seal

安全壳开孔和电气贯穿件之间的单道密封。

单项演习（练习）drill

见"应急演习"。

单一故障 single failure

导致单一系统或部件不能执行其预定安全功能的一种故障，以及由此引起的各种继发故障。

单一故障准则 single failure criteria

要求系统或设备组合在其任何部位发生可信的单一随机故障时仍能执行其正常功能的设计准则。

氘化（重水堆）deuteration

用重水置换新树脂中的轻水，以避免重水堆工艺系统中重水降级的工艺。

导出干预水平 derived intervention level

由干预水平推导得出的放射性物质在环境介质中的浓度或者水平。

导出空气浓度 derived air concentration（DAC）

特定放射性核素在空气中的活性浓度导出限值的计算值，对于呼吸不变的 DAC 水平的污染空气、从事一年轻微体力活动的参考人而言，将会摄入与所涉及核素的年摄入限值相对应的摄入量。

释："活性浓度"一般指活度浓度。

导水率、水力传导率（渗透系数或达西系数）conductivity，hydraulic conductivity（permeability or Darcy coefficient）

用于表征饱和流流体穿越多孔介质的组合属性的参数，在达西定律中用于确定地下水含水层渗流量与地下水水力梯度之间的关系。

倒时方程 inhour equation

表示反应堆的反应性与反应堆时间常数关系的方程。

低传能线密度辐射 low linear energy transfer（LET）radiation

见"辐射"。

低毒性α粒子发射体 low toxicity alpha emitters

天然铀、贫化铀、天然钍、铀-235 或铀-238、钍-232、含于矿石或物理和化学浓缩物中的钍-228 和钍-230 或半衰期少于 10 天的α粒子发射体。

低功率物理试验 low power physical test

在反应堆临界后稍高于零功率，但低于多普勒发热点时进行的堆物理特性试验，例如控制棒价值和硼价值测定、最小停堆深度验证、慢化剂温度系数测定及压力系数测定等。

低剂量照射 low dose exposure

对受照射人群 100mGy 以下的低传能线密度（LET）照射或 50mGy 以下的高 LET 照射。

注：低剂量率指 0.1mGy/min（约为 1 小时平均值）的照射。

低弥散放射性物质 low dispersible radioactive material

固体放射性物质或密封容器中的固体放射性物质，其弥散性有限且呈非粉末状态。

注：一般特定于放射性物品运输领域。

低压安全注入系统 low head safety injection system

见"安全注入系统"。

地表断裂 surface fracture

通常指地震发生时在地表形成的永久破裂或形变。

地面反应 ground response

厂区的岩柱或土柱在规定地面运动荷载下的行为。

地面加速度 ground acceleration

由地震波造成的地面运动的加速度，通常用 g 表示，g 表示地面重力加速度。

地面运动强度 ground motion intensity

表征某一给定地点地面运动大小的通称。强度可用加速度、速度、位移、宏观地震烈度或谱烈度来表示。

地面照射 ground exposure

地面沉积的放射性核素产生的 γ 辐射。

注：1. 地面照射主要但不完全关注 γ 辐射外照射的照射途径。

2. 地面照射也可以用来表示入射并从地面反射回来的辐射。

地震波衰减 seismic wave attenuation

地震波的振幅在从震源到厂址的传播过程中的减小。

地震带 earthquake zone

地震活动性和地震构造条件密切相关的地带。

地震地质灾害 earthquake induced geological disaster

在地震作用下，地质体变形或破坏所引起的灾害。

地震动参数 ground motion parameter

表征地震引起的地面运动的物理参数，包括峰值、反应谱和持续时间等。

地震动反应谱特征周期 ground motion characteristic period of response spectrum

规准化的反应谱曲线开始下降点所对应的周期值。

地震反应谱 earthquake response spectrum

通过地震加速度时程计算出来的曲线，以有阻尼的单自由度振子（定阻尼比）的峰值反应（加速度、速度或位移）作为其固有周期（或频率）的函数。

地震构造 seismic structure

与地震孕育和发生有关的地质构造。

地震构造区 seismic tectonic zone

具有同样地质构造和地震活动性的地理区域。

地震经验谱 earthquake experience spectrum

根据地震经验数据来确定表征参考设备抗震能力的反应谱。

地震区 seismic region

地震活动性和地震构造环境均相似的地区。

地震设备清单 seismic equipment list

地震 PSA 的地震易损度任务中需要评价的所有 SSCs，或抗震裕度评价中需要开展抗震能力评价的所有 SSCs。

地震相互作用 seismic interaction

由地震引起的导致物项之间或物项与运行人员之间有影响的相互作用，这些影响损害他们履行其应尽的安全职能。相互作用可能是机械的（锤击、撞击、磨损及爆炸）、化学的（有毒或窒息物质释放）、辐射的（剂量的增加）或由地震引发的火灾或水淹。

第一响应者 first responder

在事故现场作出响应的首批应急响应人员。

碘甲状腺阻滞 iodine thyroid blocking

在涉及放射性碘的核或辐射紧急情况下，为防止或减少甲状腺对碘的放射性同位素的吸收而使用的稳定碘化合物（通常是碘化钾）。

注：也称碘甲状腺阻断。

1. 碘甲状腺阻滞是一种紧急的防护行动。
2. "稳定碘预防""甲状腺阻滞"或"碘阻滞"有时用于描述相同的概念，但国际原子能机构出版物中首选"碘甲状腺阻滞"。

电气贯穿件 electrical penetration assembly

由绝缘电气导体（或光纤）、导体密封、组件密封（如果有）所组成的一套设备，在安全壳内侧与安全壳外侧（或混凝土墙体外侧）之间提供压力屏障，并在其间通过单道开孔（或双道开孔）为电气导体（或光纤）提供通路。

注：电气贯穿件还包括接线箱以及内部接线部件。

调查水平 investigation level

诸如有效剂量、摄入量或单位面积或体积的污染水平等量的规定值，达到或超过该值时应进行调查。

顶事件 top event

在故障树模型中位于故障树起始点（顶点）的不希望发生的系统状态（如系统不能完成其功能）。

定期安全评价 periodic safety assessment

以规定的时间间隔对运行核动力厂的安全性进行的系统性的再评价，以应对老化、修改、运行经验、技术更新和厂址方面的积累效应，目的是确保核动力厂在整个使用寿期内具有高的安全水平。

定期试验 periodic test

为探测故障和检查可运行性，按计划的间隔时间所进行的试验。

定期维护 periodic maintenance

每隔预定日历时间、运行时间或周期数进行的预防维护，包括保养、更换零件、监督或检测等形式。

注：也称基于时间的维护。

动力（反应）堆 power reactor

见"反应堆"。

（安全分析）冻结（safety analysis）frozen

在整个安全分析过程中保持分析工具的条件和相关台架的输入卡不变（且处于配置管理之下），从而保证最终结果的可追溯性和一致性。

动态逻辑信号 dynamic logic signal

一个周期性变化的电压或电流，其频率与所要求的系统响应时间相一致。不同的逻辑状态与周期变化的一个或多个参数（如幅度、斜率、脉冲或交变信号的重复频率或脉冲编码）的不同数值相关联。

动态逻辑装置 dynamic logic equipment

使用动态逻辑信号的系统装置或系统部件。

陡边效应 cliff edge effect

在核动力厂中，由微小变化的输入引发核动力厂状态的重大突变。

注：例如，由参数微小的偏离导致核动力厂从一种状态突变到另一种状态的严重异常行为。

（中子）毒物（neutron）poison

由于具有高的中子吸收截面而能降低反应性的物质。

独立评价 independent assessment

为确定管理系统满足要求的程度、评估管理系统的有效性和识别改进的机会而进行的评定，如监查或监督。这些活动可由有关组织自身或其代表出于内部目的而进行，也可由客户和监管者（或代表他们的其他人）等相关方或外部独立组织进行。

注：1. 该定义适用于管理体系和相关领域。

2. 从事独立评价的人员不直接参与被评价的工作。

3. 独立评价活动包括内部和外部监查、监督、同行评审和技术审查，重点是安全方面和已经发现问题的领域。

4. 监查适用于为以下目的开展的对文件的监查活动：通过调查、检查和评价客观证据来确定所制定的程序、指令、规范、准则、标准、行政或运行计划及其他适用文件的适当性和遵守情况，以及它们的实施效果。

（设备）独立性（equipment）independence

设备的一种状态，在该状态下，冗余的设备不会因任何单一设计基准事件（如水淹）而同时失效。

断层活动段 active fault segment

在一活动断层上，活动历史、几何形态、性质、地震活动和运动特性等具有一致性的地段。

堆内部件释热 heat generation in reactor components

在燃料元件、反射层、热屏蔽层、压力容器及控制棒等部件内的热量产生与分布。

堆内单相流 single phase flow in reactor

系统内只有一种物相的流动。

注：反应堆内的液体冷却剂（如水或液态钠）或气体冷却剂（如氦或二氧化碳）的流动一般都是单相流。可以根据雷诺数（Re）的大小将单相流分为层流和湍流。

堆内构件 reactor internals

在反应堆容器内，除燃料组件、燃料相关组件、增殖组件和堆芯测量仪表以外的所有其他构件的统称。

释：还应除去辐照监督管等。

堆内换料机（钠冷快堆）in-vessel refuelling machine

安装在旋塞上，用于在堆容器内装、卸燃料组件及其他组件的操作设备。

堆芯捕集器 core catcher

位于堆腔底部及下方，由牺牲材料、耐高温保护材料、钢板等制成，用来收集、展开和冷却堆芯熔化事故中泄漏出的熔融物，防止安全壳因底板熔穿而失去完整性的专用装置。

堆芯喷淋系统（沸水堆）core spray system

一种应急冷却系统，用于在反应堆正常冷却失效（例如冷却剂丧失事故）后，向堆芯喷水以确保排除余热。

堆芯热工裕量 reactor core thermal margin

对于堆芯和燃料组件设计，在极限功率参数之上保留的裕量，一般包括偏离泡核沸腾比裕量和燃料线发热率裕量等。

堆芯寿期 reactor core lifetime

反应堆堆芯能够维持有效满功率运行的时间。

堆芯损坏频率 core damage frequency

单位时间内预计的堆芯损坏事件的次数。

堆芯栅板 core grid

位于堆芯端部，使燃料组件定位的栅板。

注：常分为堆芯上栅板和堆芯下栅板。

（监测）对照点（monitoring）contrast site

受被监测辐射源（或伴有辐射活动）的环境影响可以忽略，可长期保持原有环境特征的监测点，如河流的上游、气态排放的上风向，其监测结果能够保持在本底水平，可作为辐射源周围监测结果的对比参考。

多重误动作 multiple spurious operations

两个或两个以上设备单元同时发生误动作。

释：也应包括相继发生误动作。

多重性（冗余）redundancy

通过设置数量高于最低需要的单元或系统（相同的或不同的），以达到任一单元或系统的失效不至于引起所需总体安全功能丧失的措施。

多堆场址 multi-reactor site

有两个及两个以上反应堆，且各反应堆之间的距离小于 5km 的核动力厂场址。

多隔间火灾情景 multi-compartment fire scenario

涉及除点火源所在火灾隔间外的其他房间或火灾隔间内的目标物火灾情景。

释：假设火灾在隔间之间发生蔓延，并损坏了多隔间内的目标物的火灾场景。

多样性 diversity

为执行某一确定功能设置两个或多个独立（或冗余）的系统或部件，这些不同的系统或部件具有不同的属性，从而减少了共因故障（包括共模故障）的可能性。

功能的多样性 functional diversity: 在工艺工程中应用功能层次上的多样性（例如，在压力限值和温度限值上紧急停闭触发）。

E

二次废物 secondary waste

采用一种废物处理工艺处理原始废物时产生的一定数量的废物，是过程的副产品。

二次（二回路）冷却剂 secondary coolant

用于载出一次冷却剂热量的冷却剂。

二次屏蔽（体）secondary shield

见"辐射屏蔽"。

二回路系统（压水堆）secondary circuit system

在具有两个以上回路的核动力厂中，泛指用于带出一回路冷却剂热量的二次冷却剂循环系统。

注：对于压水堆核动力厂来说，具体指将压水堆冷却剂系统导出的堆芯热能用于生产蒸汽，并进一步通过汽轮发电机组转换为电能的一系列系统和设备组合的整体，又称蒸汽和动力转换系统。

释：一般指二回路冷却剂系统，英文也用 secondary system。

F

乏燃料 spent fuel

在反应堆堆芯内受过辐照并从堆芯永久卸出的核燃料。

乏燃料的衰变热 decay heat of the spent fuel

乏燃料中放射性核素衰变产生的热量。

乏燃料贮存设施 spent fuel storage facility

在燃料组件和相关部件自反应堆水池移出后到进行后处理或作为放射性废物处置前这段时间内，用作燃料组件及有关部件中间贮存的一种设施。

干法贮存 dry-well storage: 在干法贮存中，乏燃料处于空气或惰性气体环境中。

贮罐，贮存容器 storage tank，storage container: 是一种用于运输和（或）贮存乏燃料的整体性大体积屏蔽容器。对乏燃料的屏蔽和包容由构成罐体的各种实体屏障提供，这些屏障包括金属或混凝土罐体以及焊接或密封衬里、外套或顶盖。乏燃料的余热通过向周围环境的辐射传递和自然或强制对流散失。它可以置于封闭场所，也可以置于非封闭场所。

筒仓（混凝土桶）silos（concrete bucket）: 一种整体性的、通常具有圆形横截面的大体积容器，含有一个或多个分隔开的贮存腔。注：筒体的内衬和厚混凝土层形成包容屏障和屏蔽。热量通过筒体内的热辐射、传导和对流以及筒体外表面附近的自然对流散失。这种容器可以置于封闭场所，也可以置于非封闭场所。

贮存室 storage: 是一种地上的或地下的钢筋混凝土建筑物，内有贮存腔阵列，每个贮存腔可容纳一个或多个燃料单元。贮存室的外部构筑物提供屏蔽。热量通常由贮存腔外部上空的循环空气或气体带出；随后或直接排至外部大气，或通过二次排热系统散失。

湿法贮存 wet storage: 将乏燃料贮存在水中。湿法贮存的通用模式是将乏燃料组件或元件贮存于水池中的贮存格架或吊篮内，和（或）其中也充水的箱内。燃料周围的池水使余热散失并提供辐射屏蔽，贮存格架或其他装置确保燃料处于一种能保持次临界的几何构型。

阀门关闭时间 valve closure time

从阀门驱动装置得到驱动动力到阀门完全关闭所需的时间，这段时间不包括仪表和控制滞后时间。

反射层 reflector

将从堆芯逃脱的中子部分地散射回堆芯的物体。

反应堆 reactor

能维持可控链式核裂变反应的装置。

注：限于核裂变反应堆。

动力（反应）堆 power reactor: 用于发电、推进和供热等用途的反应堆。

供热（反应）堆 heating reactor: 用于向居民和（或）工业设施等供热的反应堆。

商用（反应）堆 commercial reactor: 用于商业目的（如供电、供热等）的反应堆。

示范（反应）堆 demonstration reactor: 为证明某种反应堆在技术上的可行性和研究其经济潜力而设计的反应堆。

增殖（反应）堆 breeder reactor: 转换比大于 1 的反应堆。

微型中子源（反应）堆 miniature neutron source reactor: 一种用作中子源的袖珍式反应堆，用于中子活化分析、少量研究用短寿命示踪同位素的制备等。

实验（反应）堆 experimental reactor: 主要为取得设计或研制一座反应堆或一种堆型所需的堆物理或堆工程数据而运行的反应堆。

临界装置 critical assembly（零功率堆 zero power reactor）: 一个具有足够可裂变材料和其他材料的装置，用以在低功率水平维持可控链式反应，并为研究堆芯布置及组成提供条件。

脉冲（反应）堆 pulsed reactor： 用于产生短持续时间强中子脉冲的反应堆。

高通量（反应）堆 high-flux reactor： 热中子注量率大于 $1.0 \times 10^{14} cm^{-2} \cdot s^{-1}$ 的反应堆。

原型（反应）堆 prototype reactor： 基本设计相同的系列中的第一个反应堆。有时用于指主要特点与最终系列相同但规模较小的反应堆。

重水（反应）堆 heavy-water reactor（HWR）： 以重水（D_2O）作慢化剂的反应堆。

轻水（反应）堆 light-water reactor（LWR）： 以水或汽水混合物作反应堆冷却剂和慢化剂的反应堆。

沸水（反应）堆 boiling-water reactor（BWR）： 主要通过反应堆冷却剂（水）的汽化导出堆内释热的反应堆。

压水（反应）堆 pressurized-water reactor（PWR）： 反应堆冷却剂水保持在不发生整体沸腾的压力之下运行的反应堆。

压力管式（反应）堆 pressure tube reactor（PTR）： 反应堆冷却剂在承受冷却剂压力的多个管道内流过的反应堆。

泳池（反应）堆 swimming pool reactor： 堆芯浸在水池中而水既作慢化剂也作冷却剂和生物屏蔽用的反应堆。

液态金属冷却（反应）堆 liquid metal cooled reactor： 以液态金属作冷却剂的反应堆。

气冷（反应）堆 gas-cooled reactor（GCR）： 以气体作冷却剂的反应堆。

高温气冷（反应）堆 high-temperature gas-cooled reactor（HTGR）： 采用包覆颗粒燃料,石墨作为慢化剂和堆芯结构材料,惰性气体(如氦气)作为反应堆冷却剂,且出口温度高（达到700℃）的反应堆。

超高温气冷（反应）堆 very high-temperature gas-cooled reactor（VHTR）： 出口温度在950℃以上的气冷堆。

一体化（反应）堆 integral reactor： 一次冷却剂回路和二次冷却剂回路之间的热交换器装在反应堆容器内的反应堆。

石墨（慢化）堆 graphite reactor： 用石墨作慢化剂的反应堆。

超临界水（冷）堆 supercritical water reactor：冷却剂参数超过热力学临界值（22.1 MPa，647 K）的轻水反应堆。

钠冷快堆 sodium-cooled fast reactor（SFR）：以液态钠作为冷却剂的快中子反应堆。

熔盐堆 molten salt reactor：用熔融态的混合盐作主冷却剂的反应堆。

反应堆保护参数 reactor protection parameters

反应堆保护系统实施监测的系统及设备的物理、热工和水力等参数。

反应堆材料 reactor material

用于建造反应堆的材料，包括核燃料、冷却剂材料、慢化材料、结构材料、控制材料、屏蔽材料等。

注：反应堆材料除了应具有一般工程材料所具有的性能外，还应有良好的核物理性能，以及能很好地与反应堆环境相容的特性。

反应堆舱室（高温气冷堆）reactor cavity

容纳反应堆，并起支承反应堆、辐射屏蔽、辅助建立负压通风能力等作用的封闭性混凝土结构。

反应堆功率剧增 reactor power excursion

反应堆功率上升速率超过正常运行水平的增加。

反应堆集管（重水堆）reactor headers

重水堆中用于连接燃料通道热传输支管和蒸汽发生器、主冷却剂泵的母管。

反应堆控制材料 reactor control material

用于制造具有显著吸收中子特性以控制反应堆反应性的控制元件和液体中子吸收剂的材料，也称中子吸收材料。

反应堆冷却剂（一回路冷却剂）reactor coolant（primary coolant）

用于导出反应堆堆芯热量并循环使用的载热剂。

注：对非直接循环反应堆，亦称一次冷却剂。

反应堆冷却剂系统 reactor coolant system

用于导出反应堆堆芯产生的热量，并将其传给蒸汽发生器的二次侧的循环系统。

释：一般指压水堆核电厂，部分采用直接循环的堆型设计（如超临界水堆）可能不包含蒸汽发生器。

反应堆冷却剂压力边界 reactor coolant pressure boundary（RCPB）

承受反应堆冷却剂压力的所有部件，包括压力容器、管道、泵、阀门等。

注：它们是，

1. 反应堆冷却剂系统的组成部分。

2. 与反应堆冷却剂系统相连的部分：

（1）对于系统管线，直至并包括反应堆正常运行期间的最外侧隔离装置；

（2）对于反应堆冷却剂安全卸压系统，直至并包括安全卸压阀。

反应堆启动 reactor start up

将反应堆次临界状态转入到临界状态并提升到所需功率的操作。

冷启动 cold start up: 反应堆从冷停堆状态下开始的启动。

热启动 hot start up: 反应堆从热停堆状态下开始的启动。

反应堆启动试验 start up test of reactor

自堆芯开始装料起，到反应堆达到额定运行功率止这个期间所进行的试验。

注：包括装料、临界前试验、初次临界试验、低功率物理试验（含零功率试验）、功率提升试验等。

反应堆栅格 reactor lattice

在非均匀堆中，按照某种有规则的图形布置的燃料和其他材料的阵列。

反应堆稳定性 reactor stability

反应堆受到某种扰动后，偏离其原来的平衡状态，而趋向于新的平衡状态的属性。

反应堆噪声 reactor noise

反应堆中，由核过程的随机性或由机械、流体动力过程的无规则涨落引起的中子注量率涨落和由此产生的功率波动。

反应堆周期 reactor period

反应堆内中子通量密度按指数规律改变 e 倍所需要的时间。

（反应堆）反应性（reactor）reactivity

表征链式核裂变反应介质或系统偏离临界程度的一个参数。

反应性反馈 reactivity feedback

由反应性引起的反应堆某些参数（如功率、温度、压力或空泡份额）的变化对反应性的影响。

反应性功率系数 power coefficient of reactivity

见"反应性系数"。

反应性空泡系数 void coefficient of reactivity

见"反应性系数"。

反应性控制 reactivity control

通过有效的控制方法对反应堆内剩余反应性的控制。

注：其主要任务是，当反应堆出现异常现象或事故时，能紧急停堆并保持适当的停堆深度；反应堆跟踪二回路负荷变化的要求；在整个堆芯寿期内保持比较平坦的功率分布；反应堆长期运行的要求。

反应性温度系数 temperature coefficient of reactivity

见"反应性系数"。

反应性系数 reactivity coefficient

反应堆内某给定参数发生单位变化所引起的反应性的变化。

反应性功率系数 power coefficient of reactivity: 反应堆热功率发生单位变化所引起的反应性变化。

反应性空泡系数 void coefficient of reactivity: 反应堆内某给定部位的空泡份额变化1%所引起的反应性变化。

反应性温度系数 temperature coefficient of reactivity: 反应堆内温度发生单位变化所引起的反应性变化。

反应性压力系数 pressure coefficient of reactivity: 反应堆内压力发生单位变化所引起的反应性变化。

反应性压力系数 pressure coefficient of reactivity

见"反应性系数"。

防返传 anti-passback

防止持卡人通过某出入口进入保卫区域后，又把卡递给后面的人再次通过该出入口进入保卫区域的一种控制功能。

（辐射）防护量 （radiation） protection quantities

为辐射防护目的而制定的剂量学量，可量化由于全身和局部的外照射以及放射性核素摄入使人所受电离辐射照射的程度。

注：1. 被指定为防护量的剂量学量，用于指定和计算辐射防护安全标准中使用的数值限制和水平。

2. 防护量以一种适用于个人的方式，将照射程度与辐射的健康影响的危险相关联，而这种方式在很大程度上与辐射的类型和照射的性质（内照射或外照射）无关。

3. 制定防护量是为了提供辐射传递给组织的能量所产生危险的一个指标。

防护任务 protective task

为确保完成某一给定的始发事件所要求的安全任务而产生的那些必要的防护行动。

防护行动 protective action

为避免或减少公众成员在持续照射或应急照射情况下的受照剂量而进行的一种干预。

防护与安全 protection and safety

见"安全（核安全）"。

防护与安全最优化 protection and safety optimization

在考虑了经济、社会因素后，确定防护和安全水平将导致个人剂量的大小、受照射的人员数量（包括工作人员和公民）以及受照射的可能性为"合理可行尽量低"（ALARA）的过程。

防火阀 fire damper

在一定条件下为防止火灾通过风管蔓延而设计的自动关闭装置。

防火隔断 fire stop

用于将火灾限制在厂房建筑单元内部或建筑单元之间的实体

屏障。

防火屏障 fire barrier

用于限制火灾后果的屏障，它包括墙壁、地板、天花板或者用于封堵门洞、闸门、贯穿部件和通风系统等通道的装置。

防火区 fire compartment

为防止火灾在规定的时间内蔓延而构筑的厂房或部分厂房，防火区可由一个或多个房间组成，其边界全部用防火屏障包围。

防火小区 fire cell

为保护安全重要物项，设置防火设施（如限制可燃物料的数量、空间分隔、固定灭火系统、防火涂层或其他设施）以隔离火灾的区域，通过该设置使被隔离的系统不会受到显著损坏。

访问控制 access control

确保根据业务和安保要求对资产的访问进行授权和限制的手段。

放射性 radioactivity

核素自发地放出粒子或 γ 射线，或在俘获轨道电子后放出 X 射线，或发生自发裂变的性质。

放射性（物质）残留量 radioactive residual

核设施退役工程终结后，保留下来的建（构）筑物、设备、系统、道路、场地上残留的放射性（物质）量。

放射性惰性气体 radioactive noble gases

氦、氖、氩、氪、氙和氡的放射性同位素（其中氪和氙的放射性同位素是核反应堆事故释放剂量计算中的关键性同位素）。

放射性废物 radioactive waste

核设施运行、退役产生的，含有放射性核素或者被放射性核素污染，其浓度或者比活度大于国家确定的清洁解控水平，预期不再使用的废弃物。

释：1. 此处废物来源仅限于核设施。

2. 一般采用"活度或活度浓度"为指标，"比活度"的概念当前使用较少。

放射性废物管理 radioactive waste management

包括放射性废物的预处理、处理、整备、运输、贮存和处置在内的所有行政管理和运行活动。通常把有潜在利用价值的放射性污染设备与材料的管理和退役与环境整治也包括在放射性废物管理范围内。

废物预处理 waste pretreatment: 废物处理前的一种或全部的操作。例如：

1. 收集；

2. 分拣（或）分流；

3. 化学调制；

4. 去污。

（放射性废物）处理（radioactive waste）treatment: 为了能够安全和经济地运输、贮存、处置放射性废物，通过净化、浓缩、固化、压缩和包装等手段，改变放射性废物的属性、形态和体积的活动。

（放射性废物）贮存（radioactive waste）storage: 将放射性废物临时放置于专门建造的设施内进行保管的活动。

（放射性废物）处置（radioactive waste）disposal: 把废物放置在一个经批准的、专门的设施（例如近地表或地质处置库）里，预期不再回取。处置也包括经批准后将气态和液态流出物直接排放到环境中进行弥散。

放射性废物最小化 radioactive waste minimization

在从设施设计到退役的各个阶段，通过减少废物的产生、进行再循环与再利用、对一次废物和二次废物做适当处理等措施，使放射性废物的量和活度浓度减小到可合理达到的尽量低水平。

放射性核素环境转移 transfer of radionuclides in environment

放射性核素在大气、水体、土壤、生态系统等环境介质中发生空间位置转移及所引起的浓集、分散和消失的过程。

放射性内容物 radioactive contents

包装内的放射性物质连同已被污染或活化的各种固体、液体和气体。

放射性皮肤损伤 radiation skin injury

电离辐射（X 射线、γ 射线、α射线、β 射线和高能电子束等）照射皮肤所引起的损伤。

注：其中 β 射线引起的皮肤损伤又称 β 烧伤。

放射性平衡 radioactive equilibrium

放射性衰变链（或其一部分）的状态，达到放射性平衡时链（或其一部分）中每种放射性核素的活度相同。

放射性同位素 radioactive isotope

指某种发生放射性衰变的元素中具有相同原子序数但质量不同的核素。

放射性污染 radioactive contamination

由于人类活动造成物料、人体、场所、环境介质表面或者内部出现超过国家标准的放射性物质或者射线。

放射性物品 radioactive material

含有放射性核素，并且其活度和比活度均高于国家规定的豁免值的物品。

注：根据放射性物品的特性及其对人体健康和环境的潜在危害程度，将放射性物品分为一类、二类和三类。

一类放射性物品，是指Ⅰ类放射源、高水平放射性废物、乏燃料等释放到环境后对人体健康和环境产生重大辐射影响的放射性物品。

二类放射性物品，是指Ⅱ类和Ⅲ类放射源、中等水平放射性废物等释放到环境后对人体健康和环境产生一般辐射影响的放射性物品。

三类放射性物品，是指Ⅳ类和Ⅴ类放射源、低水平放射性废物、放射性药品等释放到环境后对人体健康和环境产生较小辐射影响的放射性物品。

放射性物质 radioactive substance

1. 任何含有放射性核素的物质。

2. 因其放射性而被国家法律或监管机构指定而受到监管控制的物质。

放射性物质盘存量 radioactive inventory

在退役实施前，已关闭的核设施［包括各种系统、建（构）筑物、设备、管网、场地等］中存留的放射性（物质）量。

放射学评估人员 radiological assessor

在发生核或辐射紧急情况时，通过开展辐射调查、剂量评定、污染控制，确保对应急工作人员的辐射防护和提出防护行动建议来帮助营运者或场外响应组织的人员或团队。

飞射物 missile

具有动能并已离开其设计位置的物体。

飞射物二次效应 missile secondary effects

由于飞射物一次效应的后果而随后发生的所有效应。

飞射物防护 missile protection

用实体屏障、限止器或空间布置防止飞射物对构筑物、系统和设备（部件）的影响。

飞射物局部效应 missile local effects

飞射物对一个靶物（物项）的效应，这些效应在很大程度上与靶物的整体动态特性无关。

飞射物一次效应 missile primary effects

由飞射物对靶物直接击中和弹跳击中而产生的所有效应，该飞射物来自设备的初始故障。

飞射物总体效应 missile overarching effects

飞射物对受冲击的靶物（构筑物、系统或部件）的效应，这些效应在很大程度上与靶物的动态特性有关，因此这些效应不限于冲击区的邻近。

非放射后果 non-radiological consequences

核事故应急对人类生命、健康、财产或环境所造成的不良心理、社会或经济后果。

非辐射环境影响 non-radiation environment impact

核电厂对周围环境和公众造成的除辐射环境影响以外的影响，主要包括土地和人口、热排放、非放射性有毒物质、冷却塔及热羽排放、噪声、电磁等方面的影响。

非功能需求（质量需求）non-functional requirements（quality requirements）

见"功能需求"。

非居住区　exclusion area

反应堆周围一定范围内的区域，该区域内严禁有常住居民，由核动力厂的营运单位对这一区域行使有效的控制，包括任何个人从该区域撤离；公路、铁路、水路可以穿过该区域，但不得干扰核动力厂的正常运行；在事故情况下，可以作出适当和有效的安排，管制交通，以保证工作人员和公众的安全。在非居住区内，只要不影响核动力厂正常运行和危及公众健康与安全，与核动力厂运行无关的活动是允许的。

非均匀堆　heterogeneous reactor

堆芯核燃料与冷却剂和慢化剂（若存在）物理分隔的核反应堆。

非能动安全　passive safety

采用自然界物质固有的规律，如物质的重力、流体的自然对流、扩散、蒸发、冷凝以及蓄压势能等非能动原理来达到核设施安全目的的一种安全理念或设计技术。

非能动安全壳冷却系统　passive containment cooling system（PCS）：用于降低安全壳内温度和压力的非能动安全设施。

注：原理为在任何导致安全壳内温度和压力剧增的事故后，利用压缩空气膨胀、重力以及自然循环等自然驱动力排出安全壳大气中的热量并传递至环境。

非能动安全系统　passive safety system：基于自然力（如重力、自然循环）、储存能（如蓄电池、转动惯量、压缩流体）或系统固有能（如驱动止回阀、爆破阀的系统流体能量），主要依赖非能动部件行使安全功能的安全系统。

**非能动安全壳冷却系统 passive containment cooling system
（PCS）**

见"非能动安全"。

非能动安全系统 passive safety system

见"非能动安全"。

非能动部件 passive component

不依靠触发、机械运动或动力源等外部输入而行使功能的部件。

非实物老化（过时）non-physical ageing（obsolescence）

相较当前知识、技术、规范和标准，构筑物、系统和设备变得陈旧或落后。

注：1. 非实物老化效应包括缺乏有效的安全壳或堆芯应急冷却系统；缺乏安全设计特点（如多样性、独立性或冗余性）；旧设备得不到合格备件；新旧设备不兼容以及程序或文件过时（如不符合现行规章）等。

2. 严格地讲，这不一定属于以上定义的老化，因为它有时不是由构筑物、系统和设备本身的变化导致的。然而，它们对防护和安全的影响以及所需采取的措施往往与实物老化非常相似。

3. 目前也采用"过时"（obsolescence）一词。

非限制使用 unrestricted use

使用某个区域或某些材料而不受任何基于放射性的限制。

沸水（反应）堆 boiling-water reactor（BWR）

见"反应堆"。

废物预处理 waste pretreatment

见"放射性废物管理"。

废物整备　conditioning of the waste

为了形成一个适于装卸、运输、贮存和（或）处置的货包而进行的操作，整备可能包括把废物转变为固化体，封装在容器中，还包括必要时提供外包装。

分布式控制系统　distributed control system（DCS）

以计算机为基础，对生产过程进行分布控制、集中管理的系统。

分级方法　graded approach

1. 对于控制系统（例如调节系统或安全系统），是指在切实可行的范围内，所采取的控制措施和条件的严格程度与失去控制的可能性和可能的后果以及与此相关的风险水平相称的过程或方法。

2. 与设施和活动或源的特性以及与照射量大小和受照可能性相称的安全要求的应用。

注：一般而言，分级管理方法的实例是一种结构化方法，采用该方法使实施要求的严格程度随着环境、所采用的监管系统、所采用的管理体系等因素而变化。

例如，在一个方法中：

1. 确定一种产品或服务的重要性和复杂性；

2. 确定该产品或服务对健康、安全、安保、环境的潜在影响以及将要实现的质量和组织目标；

3. 如果履行服务不当，考虑其后果。

使用分级方法旨在确保必要的分析水平、文档和行动水平与任何辐射危险和非辐射危险的大小、设施的性质和具体特征，以及设施的寿期阶段等相称。

分拣、分区、隔离　segregation

1. 根据放射性或免管废物或材料的放射性、化学和（或）物理特性将各种类型的废物或材料分离或分开以便于对其进行装卸和（或）加工的活动。

111111111111111111111111111111111111

2. 通过距离或某种形式的屏障将构筑物、系统和设备进行实物分离，以减少共因失效的可能性。

3. 将运输货包与人员、未冲洗的摄影胶片和危险物品分开，并将含有裂变物质的运输货包彼此分开。

（安全壳）分阶段隔离（containment）phased isolation

将安全壳隔离装置分组，根据事故的进程和事故后果，在不同阶段采用不同的参数或它们的组合分别依次隔离。

分离效应实验 separate effects test

将主要关注点放在单个物理现象或过程上的实验。

封固埋葬 entombment

为退役之目的，将设施的一部分或全部用长寿命材料的结构封装起来。

注：1. 在一个设施有计划地永久关闭之后，填埋被认为不是一个可接受的退役策略。

2. 只有在特殊情况下（例如发生严重事故后），填埋才可被认为是可接受的。在这种情况下，填埋结构得到维持，并继续进行监测，直到放射性存量衰减到足以终止许可证和不受限制地开放该结构的水平为止。

风险 risk

给定原因下，事件出现的频率和事件造成的后果的乘积。以单位时间内对一个工作人员或一个居民造成的预期损害来度量。

$$R=H\times S$$

式中：R——风险（损害/单位时间）；

H——事件出现频率（事件/单位时间）；

S——单个事件对一个工作人员或一个居民的损害（损害/事件）。

风险监测器　risk monitor

一种用来根据系统和部件的实际状态确定瞬时风险的电厂实时分析工具。

注：1. 在任何给定的时间内，风险监测器都可通过各种系统和（或）部件的已知状态来反映电厂当前的配置，例如是否有任何部件不能使用，需要进行维护或试验。

2. 风险监测器所采用的模式是基于设施的"实时"概率安全评价，并与该评价相一致。

风险评价　risk assessment

对与涉及设施和活动的正常运行和可能事故有关的辐射风险及其他风险进行的评价。

注：一般情况下该术语包括后果评价以及对产生这些后果的概率进行的一些评价。

为了了解优先顺序、制定或比较行动方案和决策，系统地识别、估计、分析和评估风险的总体过程。

风险系数（γ）risk coefficient

假定单位当量剂量或有效剂量所致照射产生的终身危险或辐射危害。

风险预测模型　risk projection model

一种概念模型，例如根据有关高剂量和（或）高剂量率所致危险的流行病学证据，估计在低剂量和（或）低剂量率情况下辐射照射所致的危险的概念模型。

风险约束　risk constraint

一个预测的和源相关的个人风险值，在计划照射情况下，作为该源防护和安全最优化的参数，并用作最优化中方案选择范围的一个边界。

注: 1. 风险约束是一个与源相关的值，它为来自源的风险最大的
个人提供了基本的保护。

2. 这种风险是引起剂量意外事件的概率和这种剂量而造成危害概
率的函数。

3. 风险约束与剂量约束相对应，但适用于潜在照射。

风险指引 risk informed

涵盖了风险信息的分析、决策和管理的方法。该方法将风险信
息与传统工程分析要考虑的因素结合起来，使得营运单位和核安全
监管机构对核动力厂的设计和运行的关注水平与它们对健康和安全
的重视程度相一致。

释: 也有称"风险告知"。

（电离）辐射 （ionizing）radiation

就辐射防护而言，系指能够在生物物质中产生离子对的辐射。

注: （当导致其相对生物效能时）可分为低传能线密度辐射和高传
能线密度辐射，或（当表示其穿透屏蔽或人体的能力时）可分为强
贯穿辐射和弱贯穿辐射。

低传能线密度辐射 low linear energy transfer（LET）radiation:
具有低传能线密度的辐射，通常包括光子（包括 X 射线和 γ 辐射）、
电子、正电子和介子。

高传能线密度辐射 high linear energy transfer（LET）radiation:
具有高传能线密度的辐射，通常包括质子、中子和α粒子（或质量
稍小或稍大的其他粒子）。

强贯穿辐射 strongly penetrating radiation: 其有效剂量限值通常
比对任何组织或器官的当量剂量限值更严格的辐射; 即就某一特定
照射而言，所接受的相应剂量限值在有效剂量中所占份额大于在任
何组织或器官的当量剂量中所占的份额。

弱贯穿辐射 weakly penetrating radiation: 对任何组织或器官的当
量剂量限值一般比有效剂量限值更严格的辐射; 即就某一特定照射

而言，所接受的相应剂量限值在当量剂量中所占份额大于在任何组织或器官的有效剂量中所占的份额。

辐射防护 radiation protection

对电离辐射对人可能产生的效应进行防护，以及实现这种防护所采取的手段。

辐射防护评价 radiation protection assessment

系统地分析与源和实践以及与防护和安全措施相关的危害的过程和结果，目的在于给出与准则进行比较的绩效度量。

辐射工作许可证 radiation work permit

核电厂为审核和批准任何需要特殊辐射防护措施的运行、维修、检查、试验等活动的书面文件。

辐射环境监测 radiation environmental monitoring

见"辐射监测"。

辐射环境空气自动监测站 automatic environmental radiation monitoring and air sampling station

用于环境γ辐射自动监测与空气样品自动采样的固定站点，简称"固定式自动站"。

辐射环境影响 radiation environmental impact

核电厂释放的气态、液态放射性物质，以及放射性固体废物对周围环境和公众造成的辐射影响。

辐射环境影响评价 radiation environmental impact assessment

为保护公众和环境免受辐射危害而评价设施和活动对环境的预

期辐射影响。

辐射环境质量 radiation environmental quality

环境中辐射水平的优劣程度。

辐射环境质量监测 radiation environmental quality monitoring

为全面、准确、及时地反映特定区域内环境质量现状及变化趋势，为环境管理、环境规划等提供科学依据而开展的辐射环境监测。一般由政府部门组织实施。

辐射监测 radiation monitoring

为评估或控制辐射或放射性物质的照射，对剂量或污染所做的测量及对测量结果的分析和解释。

辐射环境监测 radiation environmental monitoring: 为了解环境中的放射性水平，通过测量环境中的辐射水平（外照射剂量率）和环境介质中放射性核素含量，并对测量结果进行解释的活动。也称为环境辐射监测。

流出物监测 effluents monitoring: 为监控或查明从电离辐射源排到环境中的放射性流出物的数量、种类和其他特征，在排放口对流出物进行采样、分析或其他测量的监测活动。

个人剂量监测 individual dose monitoring: 使用工作人员佩戴的设备所获得的测量结果，或通过工作人员体内或体表放射性物质的量的测量结果进行的监测。

工作场所辐射监测 radiation monitoring of the work place: 为获取工作人员工作环境和与其从事的操作有关的辐射水平的数据而进行的监测。

　　区域监测 area monitoring: 工作场所监测的一种形式，其中通过在一个区域的不同点位进行测量来监测该区域。

特殊监测 special monitoring: 当场所的信息不足以证明该场所

得到了适当的控制时，为调查工作场所的特定情况而设计的监测，通过提供详细的信息来阐明各种问题和确定未来的实施程序。

注：1. 特殊监测通常在以下情况下进行：新设施的调试阶段；对设施或程序进行重大变更之后；或在异常情况下进行操作时，例如在事故后。

2. 特殊监测可以是个人监测或工作场所监测。

辐射屏蔽　radiation shielding

利用射线与屏蔽材料的作用来降低某一区域的辐射水平，从而减少人体或材料受照量的一种辐射防护技术。

一次屏蔽（体）primary shield： 围绕堆芯所设置，把来自堆本体的辐射在停堆时减弱到检修人员能在其附近进行必要的维修：运行时减弱到与反应堆冷却剂出口母管辐射水平相当，以防止有关设备过度活化的屏蔽体。

二次屏蔽（体）secondary shield： 把一回路有关设备的辐射水平和把贯穿一次屏蔽体后的辐射水平降低到允许水平的屏蔽体。

热屏蔽体　thermal shield： 为减少致电离辐射在反应堆外区的发热和减少向外区的传热而设置的屏蔽体。

辐射权重因数　radiation weighting factor

为辐射防护目的，对吸收剂量乘以的因数，用以考虑不同类型辐射的相对危害效应（包括对健康的危害效应）。

辐射风险　radiation risks

辐射照射的有害健康效应（包括发生这种效应的可能性），以及由于以下直接后果而可能发生的任何其他安全相关风险（包括对环境造成的风险）：

1. 辐射照射；

2. 放射性物质（包括放射性废物）的存在或向环境释放；

3. 丧失对核反应堆堆芯、核链式反应、放射源或任何其他辐射源的控制。

辐照孔道 irradiation channel

利用反应堆中子、光子等进行辐照的孔道。

服役寿命（使用寿命）service life

设备从初始运行到最终退役的时间。

服役条件 service conditions

设备在正常运行、异常运行、设计基准事故、设计扩展工况期间和（或）之后的实际物理状态或影响。

辅助（应急）给水系统 auxiliary feed water system

在压水堆蒸汽发生器主给水系统失效时向蒸汽发生器供水的设施。

辅助控制室 supplemental control room

在主控制室不可居留或者主控制室设备失效而导致主控制室无法执行安全控制功能的情况下，能够执行有限的控制和（或）监视，以完成由安全分析所确定的必要安全功能的场所。

释：1. 在已有电厂中，辅助控制室可能是一个专用的控制室，但某些情况下，辅助控制室由电气设备间或者类似区域中的若干控制盘及显示设备组成，后者称为"辅助控制点"。

2. 也称远程停堆站。

负荷丧失事故 loss of electrical load accident

因电网故障或汽轮机脱扣造成电厂负荷全部或大部分丧失的事故。

负荷因子　load factor

在给定时间间隔内，电站实际提供的能量与最大功率定值和该时间间隔的乘积的比值。

负载组　load group

一个序列之内由一个共用电源供电的母线、变压器、开关设备和负载的组合。

G

概率安全分析 probabilistic safety analysis（PSA）

一种全面的、结构化的处理方法，识别出核电厂失效的情景，并对工作人员和公众所承受的风险作出数值估计。

释：以概率论为基础的风险量化评价技术。水冷堆核动力厂一般认为概率安全分析有三个级别。

一级概率安全分析包括对故障进行分析，以确定堆芯损坏频率。

二级概率安全分析包括对安全壳性能进行的分析，并结合一级概率安全分析的结果，确定安全壳故障频率和按反应堆堆芯放射性核素存量的特定百分数给出向环境的释放量。

三级概率安全分析包括对场外后果的分析，并结合二级概率安全分析的结果，估算公众的风险。

概念模型 conceptual model

用于描述一个系统（或其局部）的一组定性假设。

注：这些假设通常最少应包括该系统的几何形状和维数、初始和边界条件、时间依赖性以及相关的物理学、化学和生物学过程和现象的性质。

干法贮存 dry-well storage

见"乏燃料贮存设施"。

干涸 dryout

整个冷却剂通道内缺乏液体，因而加热表面附近也缺乏液体时的沸腾。

干井（沸水堆）dry-well

安全壳内供事故时从一回路逸出的蒸汽膨胀用的空间。

干预 intervention

任何旨在减少或避免不属于受控实践的、或因事故而失控的源所致的照射或照射可能性的行动。

干预水平 intervention level

针对应急或持续照射情况所制定的可防止剂量水平，当达到这种水平时应考虑采取相应的防护行动或补救行动。

刚性设备 rigid equipment

最低共振频率大于反应谱截止频率的设备、构筑物和部件。

高传能线密度辐射 high linear energy transfer（LET）radiation

见"辐射"。

高通量（反应）堆 high-flux reactor

见"反应堆"。

高温气冷（反应）堆 high-temperature gas-cooled reactor（HTGR）

见"反应堆"。

高压安全注入系统 high head safety injection system

见"安全注入系统"。

高置信度低失效概率抗震能力 high confidence of low probability of failure（HCLPF）seismic capacity

具有高置信度（95%）、低失效概率（最多 5%）的抗震能力。

注：通常用地震动水平表示，该能力用于衡量抗震裕度。

隔离带 isolation zone

实体屏障双层围栏之间的特定地带，其内部没有能隐藏或掩蔽人体的物体。

隔水层 water-resisting layer

虽然多孔并具有吸水能力，但是导水率不足以给井或泉提供可观水量的地层。

个人剂量 individual dose

某个体受到的剂量。

个人剂量当量 $H_P(d)$ personal dose equivalent

人体某一指定点下面适当深度 d 处的软组织内的剂量当量。

这一剂量学量既适用于强贯穿辐射，也适用于弱贯穿辐射。对强贯穿辐射，推荐深度 $d=10\text{mm}$；对弱贯穿辐射，推荐深度 $d=0.07\text{mm}$。

个人剂量监测 individual dose monitoring

见"辐射监测"。

根本原因 root cause

引起事件发生的最基本的原因，如果此原因被消除或纠正，可以防止事件重发。

根本原因分析 root cause analysis（RCA）

通过科学、系统的分析方法查找事件的事实与真相，确认事件根本原因和促成原因，并采取纠正行动来防止事件重发的分析活动。

工程热点因子 engineering hot point factor

只考虑燃料元件和燃料芯块直径、密度和富集度的制造偏差等工程不利因素后，热点的热流密度与堆芯平均热流密度的比值。

　　释：对于非棒燃料考虑芯块尺寸。

工程热通道因子 engineering hot channel factor

燃料元件、燃料芯块直径、密度和富集度等的制造偏差、下腔室流量再分配、流量交混和旁流等对热通道热流密度或比焓升的影响因子。

（核动力厂）工况（NPP）condition

　　见"核动力厂状态"。

工艺系统管道 process system piping

用于连接系统及相关设备的管道，以及用于连接或装配管道的元件。

　　注：包括管子、管件、法兰、垫片、紧固件、阀门、管道过滤器、补偿器、在线仪表、支吊架等。

工作场所辐射监测 radiation monitoring of the work place

　　见"辐射监测"。

功率分布 power distribution

堆芯的裂变释热分布，一般采用归一化相对分布表示。

功率亏损 power defect

反应堆功率变化，堆芯燃料和冷却剂温度变化，以及中子注量率再分布随之相应变化所累积引起的反应性变化（单位：pcm）。

功率量程 power range

反应堆的控制主要依据温度或功率测量的反应堆功率范围。

功率提升试验 power escalation test

低功率物理试验后将反应堆提升到不同功率水平下进行的试验。

功率系数 power coefficient

反应堆功率每变化 1%额定功率，堆芯燃料和冷却剂温度变化，以及中子注量率再分布随之相应变化所引起的反应性变化（单位：pcm/%额定功率）。

功率运行 at power

见"（核动力厂）运行"。

功能隔离 functional isolation

为防止线路或系统的功能受到相邻线路或系统的运行方式或故障的影响所采取的措施。

（安全系统）功能试验（safety system）functional test

确定部件或系统执行预期功能的试验。

冷态功能试验（冷态试验）cold functional test：在冷态条件下对核动力厂主系统和辅助系统的部件（元件）、设备和系统进行检查、测量和试运转。其目的是验证设备、系统在常压和承压工况下的性能满足设计要求和安全准则。

热态功能试验（热态试验）hot functional test：在模拟核动力厂实际运行工况条件下，对核蒸汽供应系统的有关部件、设备和系统在高温运行时进行的一系列检查验证活动。

注：热态功能试验的目的是验证核蒸汽供应系统功能是否与设计规定要求相一致，以及在高温运行时的可靠性和安全性，同时对设备、管道内壁在高温下进行钝化。在此期间通过验证使某些运行规程和定期试验程序生效，从而使运行人员熟悉核动力厂的运行。

功能需求　functional requirements

规定物项需具备的功能和行为的要求。

非功能需求（质量需求）non-functional requirements（quality requirements）：除功能和行为需求之外，规定物项的固有属性或特性的需求。例如，可分析性、可用性、可维护性、可靠性、安全性、可验证性、准确性和响应时间等。

功能指标　functional indicator

直接表明构筑物、系统和设备（部件）当前在验收标准范围内运行能力的状态指标。

公众成员　members of the public

除职业受照人员和医疗受照人员以外的任何社会成员。但对于验证是否符合公众照射的年剂量限值而言，则指有关关键人群组中有代表性的个人。

公众照射　public exposure

公众成员所受的辐射源的照射，包括获准的源和实践所产生的照射和在干预情况下受到的照射，但不包括职业照射、医疗照射和当地正常天然本底辐射的照射。

共模故障　common mode failure

见"故障（失效）"。

共因故障（共因失效）common cause failure

见"故障（失效）"。

共振频率　resonant frequency

受到强迫振动的系统中出现反应峰值处的频率。该频率下，反应相对于激励同样存在相位差。

供热（反应）堆 heating reactor

见"反应堆"。

供应链 supply chain

为核动力厂提供材料、零部件、设备、计算机软件、工程和服务等的供应网络，通常涉及核动力厂工程总承包单位、设计单位、制造单位、工程勘探和建设施工单位、技术服务单位、各级供应商和经销商等。

构造类比 structure analog

一种地震活动性分析方法，该方法认为，具有同样构造标志的地区有发生同样强度地震的可能。

构筑物、系统和设备（部件）structures，systems and components（SSCs）

见"物项"。

古地震 paleoseismological

没有文字记载、采用地质学方法发现的地震。

钴吸收棒（重水堆）cobalt absorber rod

重水堆用钴材调节棒，在重水堆运行期间提供反应性调节功能，并在出堆后用于制造医疗和工业用的辐照源。

固化 solidification

一种使液体或类似于液体的物质转变为固体的方法，通常形成一种物理性能稳定、不易弥散的产物。

固件（计算机）firmware

装载到一类存储器（例如只读存储器 ROM）、在处理过程中不能由计算机动态修改的计算机程序和数据。

故障（失效）failure

构筑物、系统或部件丧失在验收准则范围内执行功能的能力。

注：当构筑物、系统或设备（部件）不能起作用时，就被认为出现了故障，而无论当时是否需要该构筑物、系统或设备（部件）。

例如，备份系统的故障可能在系统被调用之前是不明显的，无论是在测试期间还是在备份系统发生故障时。

故障可能是由硬件缺陷、软件缺陷、系统缺陷、操作员失误或维护错误等造成的。

共因故障 common cause failure：由特定的单一事件或起因导致两个或多个构筑物、系统或部件失效的故障。

共模故障 common mode failure：两个或多个构筑物、系统或部件因单一特定事件或原因以相同的方式或模式引起的故障。

注：共模故障是一种常见的原因故障，在这种故障中，构筑物、系统或部件以同样的方式失效（尽管它们可能不是很接近）。

故障（失效）概率　failure probability

构筑物、系统和设备（部件）不能投运或不能在规定的任务时间内保持功能的可能性。

故障模式（失效模式）failure mode

设备不能实现某一具体功能的表现［即观察者可以据此判断故障（失效）已经发生］。一般表现为妨碍某一设备、某一部件或某一系统的成功运行（如不能启动、不能运行、泄漏）。

注：在火灾 PSA 中，通常考虑的电缆失效模式可能包括电缆内短路、电缆间短路和/或一个导体和外部接地装置之间的短路（参见"热短路"）；通常考虑的电路失效模式可能包括丧失动力电源、

丧失控制、失去指示或指示错误、电路处于开路（如保险丝熔断或电路保护装置断开）以及误动作。

故障模式和影响分析 failure mode and effect analysis

识别特定部件的故障模式并评估它们对其他部件、子系统和系统的影响的一种方法流程。

故障树 fault tree

一种演绎逻辑图，描述特定的不希望事件（顶事件）是如何由其他不希望事件的逻辑组合所引发的。

故障树分析 fault tree analysis

从假想和定义的故障事件开始，并系统地推断导致故障事件发生的事件或事件组的一种推理方法。

注：1. 故障树以图表说明事件。

2. 事件树分析考虑了类似的事件链，但从另一端开始（即从"起因"而不是从"结果"开始）。对于一个给定的事件组，完整的事件树和故障树是类似的。

关键安全功能 key safety function

为防止堆芯损伤所应维持的最小的一组安全功能，这些功能包括反应性控制、反应堆压力控制、反应堆冷却剂装量控制、衰变热排出和安全壳完整性。

关键抗震特性 critical seismic characteristics

能够确保设备在地震载荷作用下执行要求功能的设计、材料和性能特性。

关键敏感设备 single point vulnerability（SPV）

单个设备故障即可导致电站停堆、停机、降功率、功率大幅度波动的设备。

关键人群组 critical group of people

对于某一给定的辐射源和给定的照射途径，受照相当均匀，并能代表因该给定辐射源和该给定照射途径所受有效剂量或当量剂量最高的个人的一组公众成员。

（安保）关键系统（security）critical system

核动力厂中与核安全、实物保护和应急响应相关的基于模拟或数字技术的系统，包括但不限于核动力厂系统、设备、通信系统、网络、场外通信或支持系统或设备。

注：关键系统包括，

1. 执行或支持核安全、实物保护和应急响应功能的系统。

2. 影响核安全、实物保护和应急响应功能或影响关键系统和/或重要数字资产执行相关功能的系统。

3. 为上述系统和/或重要数字资产遭受网络攻击提供路径的系统，通过该系统提供的路径可能导致核安全、实物保护和应急响应功能损害、降级。

4. 上述系统和/或重要数字资产的支持系统。

5. 保护上述任何系统免受网络攻击的系统。

对于与核安全、实物保护和应急响应功能不直接相关的支持系统或设备，如分析表明会造成不利影响，也应是关键系统。

管理体系 management system

用于制定政策和目标并使这些目标能够以高效和有效的方式得以实现的一套相互关联或相互影响的要素（系统）。

注：1. 管理体系的组成部分包括组织结构、资源和组织程序。

2. 在 ISO 9000 中，管理被定义为指导和控制一个组织的协调活动。

3. 管理体系将一个组织的所有要素整合为一个统一的系统，以实现该组织的所有目标。这些组成要素包括组织结构、资源和程序。

4. 人员、设备和组织文化以及成文的政策和程序是管理体系的组成部分。

5. 组织的程序必须满足对该组织的全部要求。

规划限制区 planning restriction area

由省级人民政府划定的与非居住区直接相邻的区域。规划限制区内的工业设施和活动不会对核动力厂安全产生不可接受的威胁；规划限制区内限制人口的机械增长，人口集中地区对场外应急不会产生不可接受的影响，确保核动力厂安全运行并保护公众健康和环境。

过慢化 overmoderation

当倍增系统的慢化剂对燃料的摩尔比值大于使系统的某个给定参数（例如材料曲率、临界质量等）达到极值的比值时，该系统所具有的慢化特性。

H

海啸 tsunami

在海或洋因诸如地震引起的急剧海底位移、火山喷发或海底滑坡等脉冲扰动而产生的长周期地震海浪波。

罕见气象事件 rare meteorological event

在任何一个地方发生的频率都非常低，难以在任何特定场所被测量到的气象事件。这些事件具有破坏性影响，可能导致标准测量仪器的损坏。

核安保 nuclear security

对涉及核材料、核设施、其他放射性物质及相关设施，以及相关活动的擅自接触（利用）、未经授权转移、盗窃、蓄意破坏或其他恶意行为的预防、探测和响应的措施。

核安保措施 nuclear security measures

为防止核安保威胁完成涉及或直接针对核材料、核设施、其他放射性物质及相关设施或相关活动的犯罪行为或故意的未经授权的行为，进行的探测、响应核安保事件的措施。

核安保事件 nuclear security event

对核安保有潜在的或实际的影响，从而需要处理的事件。

核安保文化 nuclear security culture

作为支持、加强和保持核安保措施的个人、组织和机构特征、态度和行为的集合。

核安保制度 nuclear security regime

关于核材料、其他放射性物质、相关设施和相关活动核安保的法规和监管框架和措施；负责确保核安保法规和监管框架得以执行的机构和组织；用于预防、探测和响应核安保事件的核安保系统和措施。

核安全电气设备 nuclear safety electrical equipment

见"核安全设备"。

核安全机械设备 nuclear safety mechanical equipment

见"核安全设备"。

核安全设备 nuclear safety equipment

在核设施中使用的执行核安全功能的设备，包括核安全机械设备和核安全电气设备。

核安全机械设备 nuclear safety mechanical equipment: 包括执行核安全功能的压力容器、钢制安全壳（钢衬里）、储罐、热交换器、泵、风机和压缩机、阀门、闸门、管道（含热交换器传热管）和管配件、膨胀节、波纹管、法兰、堆内构件、控制棒驱动机构、支承件、机械贯穿件以及上述设备的铸锻件等。

核安全电气设备 nuclear safety electrical equipment: 包括执行核安全功能的传感器（包括探测器和变送器）、电缆、机柜（包括机箱和机架）、控制台屏、显示仪表、应急柴油发电机组、蓄电池（组）、电动机、阀门驱动装置、电气贯穿件等。

核安全审评 nuclear safety review

国家核安全监管机构组织开展的审查、评价活动，以确定为核安全许可证申请或核安全相关活动申请所提交的文件内容是否符合核安全法规的要求，是否有足够的安全措施保障厂区人员、公众和环境免受不当的辐射危害。

　　注：核安全审评是核安全许可证制度的重要基础，审评意见将支持核安全监管机构作出是否批准或同意相关的申请，并颁发相关的证书（参见核安全许可证制度），或发布批准相关申请的通知等。

核安全文化　nuclear safety culture

　　各有关组织和个人以"安全第一"为根本方针，以维护公众健康和生态环境安全为最终目标，达成共识并付诸实践的价值观、行为准则和特性的总和。

核安全许可证制度　nuclear safety licensing regime

　　国家核安全监管机构通过审批、颁发和管理核安全许可证，对核设施、核活动、核材料进行监督管理的一种制度。

核材料　nuclear material

　　1. 铀-235 材料及其制品；

　　2. 铀-233 材料及其制品；

　　3. 钚-239 材料及其制品；

　　4. 法律、行政法规规定的其他需要管制的核材料。

核材料衡算和控制系统　system for nuclear material accounting and control

　　一套综合措施，旨在提供关于控制和保证核材料存在的信息，包括建立和跟踪核材料库存、控制获取和检测核材料损失或转移以及确保这些系统和措施的完整性。

核动力厂　nuclear power plant

　　利用反应堆中自持链式裂变反应释放的热能实现供电、供汽、供热等商业目的的设施。

核动力厂配置 nuclear power plant configuration

核动力厂的构筑物、系统和设备以及其他组成部分的物理、功能和运行特征，包括：

1. 构筑物、系统和设备；
2. 运行限值和条件；
3. 程序和文件；
4. 计算机系统；
5. 组织机构及规章制度。

核动力厂状态 nuclear power plant state

设计中考虑的核动力厂状态，包括运行状态和事故工况。运行状态包括正常运行和预计运行事件；事故工况包括设计基准事故和设计扩展工况，设计扩展工况包括没有造成堆芯明显损伤的工况和堆芯熔化工况（严重事故）。

运行状态		事故工况			
正常运行	预计运行事件	设计基准事故	设计扩展工况		反应堆压力容器叠加安全壳失效、小行星撞击等其他超设计基准事故
			没有造成堆芯明显损伤的工况	堆芯熔化工况（严重事故）	

运行状态 operational states: 正常运行和预计运行事件两类状态的统称。

正常运行 normal operation: 核动力厂在规定的运行限值和条件范围内的运行。

预计运行事件 anticipated operational occurrences: 在核动力厂运行寿期内预计至少发生一次的偏离正常运行的各种运行过程；由于设计中已采取相应措施，这类事件不至于引起安全重要物项的严重损坏，也不至于导致事故工况。

事故工况 accident conditions: 偏离正常运行，比预计运行事件发生频率低但更严重的工况。事故工况包括设计基准事故和设计扩展工况。

设计基准事故 design basis accidents: 核动力厂按确定的设计准则和保守方法进行设计，且确保燃料损坏和放射性物质释放不超过规定限值的事故。

设计扩展工况 design extension conditions: 不在设计基准事故考虑范围的事故工况，在设计过程中可按最佳估算方法加以考虑，并且该事故工况的放射性物质释放在可接受限值以内。设计扩展工况包括没有造成堆芯明显损伤的工况和堆芯熔化工况（严重事故）。

　　严重事故 severe accidents: 严重性超过设计基准事故并造成堆芯明显恶化的事故工况。

超设计基准事故 beyond design basis accident（BDBA）: 假定的比设计基准事故的事故工况更为严重的事故。

注：超设计基准事故比设计扩展工况的范围更大。如反应堆压力容器叠加安全壳失效、小行星撞击等，都不是设计扩展工况，而属于超设计基准事故。

（核动力厂）工况（NPP）condition:

Ⅰ类工况，正常运行: 核动力厂机组经常性或定期出现的各种状态和过程。

Ⅱ类工况，中等频率事件: 核动力厂机组在一个日历年内可能发生的偏离正常运行的状态或故障。

Ⅲ类工况，稀有事故: 在核动力厂运行寿期内发生频率很低的事故（预计为 10^{-4}/堆年～10^{-2}/堆年），这类事故可能导致少量燃料元件损坏，但单一的稀有事故不会导致反应堆冷却剂系统或安全壳屏障丧失功能。

Ⅳ类工况，极限事故: 在核动力厂运行寿期内发生频率极低的事故（预计为 10^{-6}/堆年～10^{-4}/堆年），这类事故的后果包含了大量放射性物质释放的可能性，但单一的极限事故不会造成应对事故所需的系统（包括应急堆芯冷却系统和安全壳）丧失功能。

和缓环境 mild environment

严酷性不超过在核动力厂正常运行和预计运行事件期间的环境。

核燃料 nuclear fuel

含有易裂变核素的材料,放在反应堆内能使自持核裂变链式反应得以实现。

核燃料后处理 nuclear fuel reprocessing

对反应堆中辐照过的核燃料进行化学处理,回收未用尽的和新生成的核燃料物质,并对处理过程中产生的放射性废物进行安全、妥善的处理。

核热点因子 nuclear hot spot factor

考虑了核的和工程的各种不利因素后,热点的热流密度与堆芯平均热流密度的比值。

核热通道因子,热管因子 nuclear hot channel factor

考虑核的和工程的各种不利因素后,热通道中反应堆冷却剂的比焓升或轴向平均热流密度与相应的堆芯平均比焓升或平均热流密度的比值。

核设施 nuclear facility

1. 核电厂、核热电厂、核供汽供热厂等核动力厂及装置;
2. 核动力厂以外的研究堆、实验堆、临界装置等其他反应堆;
3. 核燃料生产、加工、贮存和后处理设施等核燃料循环设施;
4. 放射性废物的处理、贮存、处置设施。

注:在本术语其他条目中所称核设施一般限于 1 和 2。

核设施迁移 nuclear facility relocation

将核设施由一个场址搬迁至一个新的场址。

核设施营运单位 operating organization of nuclear facility

在中华人民共和国境内，申请或者持有核设施安全许可证，可以经营和运行核设施的单位。

核事故 nuclear accident

核设施内的核燃料、放射性产物、放射性废物或者运入运出核设施的核材料所发生的放射性、毒害性、爆炸性或者其他危害性事故，或者一系列事故。

核事故应急 nuclear accident emergency

见"应急"。

核事故应急状态 emergency state of nuclear accident

根据《核电厂核事故应急管理条例》的有关规定，核事故应急状态分为应急待命、厂房应急、场区应急和场外应急四级。

应急待命 standby: 出现可能危及核设施安全的某些特定工况或事件，表明核设施安全水平处于不确定状态或可能有明显降低。

释：IAEA 也用"警报"（alert）来表示相应风险级别。

厂房应急 plant emergency: 核动力厂的安全水平有实际的或潜在的大的降低，但事件的后果仅限于厂房或场区的局部区域，不会对场外产生威胁。

释：IAEA 也用"设施应急"（facility emergency）来表示相应风险级别。

场区应急 site area emergency: 核动力厂的工程安全设施可能严重失效，安全水平发生重大降低，事故后果扩大到整个场区，场区边界外放射性照射水平不会超过紧急防护行动干预水平，早期的信息和评价表明场外尚不必采取防护措施。

场外应急 off-site emergency: 发生或可能发生放射性物质的大量释放，事故后果超越场区边界，导致场外的放射性照射水平超过紧急防护行动干预水平，以至于有必要采取场外防护措施。

释：也称"总体应急"（general emergency）。

核损害 nuclear damage

1. 生命丧失或人身伤害；

2. 财产的损失或损害；以及在主管法院法律确定的范围内以下每一分款：

3. 由第 1 分款或第 2 分款中所述损失或损害引起的在此两分款中未包括的经济损失，但条件是有资格对所述损失或损害提出索赔的人遭受了此种损失；

4. 受损害环境的恢复措施费用，条件是实际已采取或将要采取此类措施并且该损害未被第 2 分款所包括，但损害轻微者除外；

5. 由于环境的明显损害所引起的收入损失，而这种收入来自环境的任何利用或享用方面的经济利益，并且该损失未被第 2 分款所包括；

6. 预防措施费用以及由此类措施引起的进一步损失或损害；

7. 环境损害所造成的损失以外的任何其他经济损失，条件是此类损失为主管法院一般民事责任法所认可。

注：就上述第 1 分款至第 5 分款和第 7 分款而言，如果损失或损害是由于或起因于核装置内任何辐射源发射的电离辐射，或核装置中的核燃料或放射性产物或废物发射的电离辐射，或来自或源于或送往核装置的核材料所造成的，不论其是由此类物质的放射性质还是由此类物质的放射性质与毒性、爆炸性或其他危险性质的结合所造成的。

在此范围内，预防措施的定义是，在核事件发生后，经采取措施的国家的法律所要求的主管部门批准，任何人为了防止或最大程度地减少第 1 分款至第 5 分款或第 7 分款中所述损害而采取的任何合理措施。

后备反应性 built-in reactivity

冷态干净堆芯的剩余反应性。

后果评价 consequence assessment

对正常运行以及与授权设施或其部分有关的可能事故的放射性后果（如剂量、放射性浓度）进行评价。

注：在讨论这种情况下的"后果"时，应注意区分引起照射的事件（如剂量）的辐射后果和可能由剂量引起的健康后果（如癌症）。前者的"后果"通常意味着经历后者的"后果"的可能性。

与风险评价不同，此评价中不包括概率。

后期阶段监测 late phase monitoring

见"应急监测"。

化学补偿控制 chemical shimming control

在反应堆冷却剂中或液体慢化剂中加入吸收中子的化学物质（如硼酸）以进行反应性控制的一种方法。

化学吸附 chemisorption

原子、分子或粒子与固体表面在固-液或固-气界面的相互作用。

注：1. 在放射性核素迁移的情况下，用于描述孔隙水或地下水中的放射性核素与土壤或围岩之间的相互作用，以及地表水体中的放射性核素与浮悬物和河床沉积物之间的相互作用。

2. 一个包括吸收（absorption，大多在固体孔隙内发生的相互作用）和吸附（adsorption，在固体表面发生的相互作用）在内的通用术语。

3. 所涉及的过程还可以分为化学吸附（与基底产生的化学键）和物理吸附（物理吸引，例如弱静电力）。

4. 实际上，有时可能很难把吸附与影响迁移的其他因素如过滤或弥散区分开。

环境辐射调查（环境放射性水平调查）environmental radioactivity level survey

为某种目的，对指定地区范围内的放射性水平进行测量分析以及为评价目的对其他相关资料进行收集、研究、分析的活动，包括环境放射性背景调查。

环境监测方案 environmental monitoring programme

针对特定监测目标任务制定的指导和规范监测活动实施的计划性文件。

注：方案内容主要包括采样布点、监测项目、监测频次和测量要求等。监测方案的制定应始终围绕监测目的也称环境监测大纲，简称监测方案或监测大纲。

环境敏感区 environmental sensitive area

依法设立的各级各类保护区域和对核动力厂产生的环境影响特别敏感的区域，主要包括国家公园、自然保护区、风景名胜区、世界文化和自然遗产地、海洋特别保护区、饮用水水源保护区、重点保护野生动物栖息地和野生植物生长繁殖地、重要水生生物的自然产卵场、索饵场、越冬场和洄游通道等。

环境影响报告书 environmental impact report

核动力厂营运单位在申请各种许可证时就核动力厂的环境影响提交生态环境主管部门审批的必要文件，目的是从保护环境出发，对核动力厂可能对环境造成的影响及需要采取的防治措施进行预测和评价。

（安全壳）环廊 ring corridor

安全壳两壁之间的自由空间。

缓冲落棒时间　dashpot drop time

见"落棒时间"。

缓发临界　delayed critical

需要缓发中子参与作用才能达到的临界。

换料水（贮存）箱　refueling water（storage）tank

存放含硼水的水箱。

注：换料时用箱中的水充满换料水池，换料后再打回箱中存放，也可作为应急堆芯冷却系统和安全壳喷淋系统的水源。

（事故状态）恢复　recovery

核电厂事故状态得到控制并达到稳定的停堆条件，放射性物质的释放量已低于可接受限值，场内应急状态终止后采取的行动，包括把核电厂恢复到正常运行采取的一切行动。

活动断层　active fault

晚第四纪以来有活动的断层。

活度（衰变率）　activity

在 t 时刻的时间间隔 dt 内，处在特定能态的一定数量 N 的某种放射性核素，发生自发跃迁数的期望值 dN 除以 dt 所得的商，即 $A=dN/dt$，式中 A 的单位为 s^{-1}。

活化　activation

通过对物质的辐照而诱发物质中放射性的过程。

注：1. 在核设施中，活化是指由中子辐照使得慢化剂、冷却剂、结构和屏蔽材料中放射性的无意诱发。

2. 就放射性同位素生产而言，活化是指通过中子活化有意诱发放射性。

3. 在其他情况下，活化是出于其他目的而进行辐照的附带副作用，例如，医疗产品灭菌或出于美学原因增强宝石的颜色。

活化产物 activation product

通过辐照产生的放射性核素。在核能领域，活化产物是指在反应堆慢化剂、冷却剂以及结构和屏蔽材料中通过中子辐照诱发的放射性核素，也包括 γ 射线诱发产生的放射性核素。

活态概率安全分析 living probabilistic safety analysis

在核电厂运行期间，应用概率安全分析方法，考虑核电厂设计和运行的变更、新的技术信息、更加精确的方法和工具，以及从核电厂运行中得到的新信息等，及时更新概率安全分析模型和数据，以充分反映核电厂的现状。

豁免 exemption

一个源或一项实践所造成的照射或潜在照射非常小以至于对其应用全部的监管控制是不值当的，无论是剂量还是危险的实际水平均表明这是防护的最佳选择。经监管部门决定对该源或实践可免于部分或全部的监管控制。

豁免废物 exempt waste

根据豁免原则对其解除监管控制的废物。

豁免水平 exemption level

由监管机构确定并以活度浓度、总活度、剂量率或辐射能量表示的值，等于或低于该值时可对辐射源的监管控制准予豁免，而无需作进一步考虑。

I

ICRU 球（国际辐射单位和测量委员会规定的等效球体）ICRU sphere

由组织等效材料构成的直径为 30cm 的球体，其密度为 $1g/cm^3$，质量组成为 76.2%的氧、11.1%的碳、10.1%的氢和 2.6%的氮。

注：在定义剂量当量时，ICRU（国际辐射单位和测量委员会）球被用作参考仿真模型。

J

机理模型（生物物理模型）mechanistic model（biophysical model）

在分子水平、细胞水平、器官水平或整个生物体水平上发生的那些假定的或已证实的辐射诱发的生物物理过程的描述。

机械化焊 mechanized welding

焊炬、焊枪或焊钳由机械装置夹持并要求随着观察焊接过程而调整设备控制部分的焊接方法。

机械吸收棒（重水堆）mechanical control absorber（MCA）

重水堆中用于辅助进行反应性控制的控制棒，通常位于堆外。

（核动力厂）机组（NPP）unit

一个核蒸汽供应系统及其有关的汽轮发电机组、辅助设备和专设安全设施。

积分反应性 integral reactivity

从堆芯内某规定位置抽出控制棒所引起的反应性变化。

释：堆芯某参数一定程度变化所引起的反应性变化。

基岩 bedrock

底岩上面最主要的牢固地固结的地质层，它的力学性能不同于覆盖层，而且是均质的。通常，基岩的剪切波速度大于 700m/s。

基准风险 basis risk

考虑了设备因试验、维修等原因导致的不可用度，计算得到的年平均风险水平数值。

> 注：核电厂常用的基准风险指标是堆芯损坏频率（CDF）和早期大量放射性释放频率（LERF），单位是堆年$^{-1}$。

基准水位 basis water stage

保守估计的高或低的参考水位（分别用于洪水位或者最低水位的评价），根据情况包括潮汐、河流流量和地表径流的组成部分，但不包括由于风暴潮、假潮、海啸和风浪所引起的水位增高（用于洪水位的评价）或水位降低（用于最低水位的评价）。

极端气象灾害 extreme meteorological disaster

气象参数或气象现象的极端值，一般通过统计分析不同气象参数的测量数据来确定。

极限安全地震动（SL-2）ultimate safety ground motion

见"设计基准地震动"。

极限事故 limiting accidents

见"核动力厂状态"。

集成与测试 integration and testing

集成是指将软件单元和软件部件、硬件部件或两者合成为一个完整系统的过程。测试是一种活动。在此活动中，在一定的条件下执行系统或部件执行代码，观察或记录其结果，对系统或部件的某些方面进行评价。其目的是证明开发的产品是否符合需求和设计要求。

> 注：测试主要包括集成测试和系统测试。集成测试是指把软件部件、硬件部件或两者组合起来进行的测试，并测试评价它们之间的交互。系统测试是在完整的、集成的系统上的测试行为，它用以评价系统与规定的需求的遵从性。

集体剂量 collective dose

群体遭受的总辐射剂量。

注：1. 这是群体成员所有个人剂量的总和。如果剂量持续时间超过一年，则还须对年个人剂量进行时间积分。

2. 除非另有说明，剂量积分的时间是无限的；如果对时间积分采用一个有限的上限，则集体剂量被描述为"截断"到那个时间的集体剂量。

3. 虽然集体剂量积分的上限原则上可以是无限的，但在大多数集体剂量评价中，与个人剂量或剂量率有关的组成部分，如果高于诱发确定效应的阈值，则应单独考虑。

4. 除非另有说明，有关剂量通常指有效剂量（集体有效剂量有正式定义）。

5. 单位：人·Sv。严格地讲只是希沃特（Sv），但单位"人·Sv"用于区分集体剂量与个人剂量，后者可用剂量计测量。

急性摄入 acute intake

见"摄入（量）"。

急性照射 acute exposure

短时间内受到的照射。

注：通常用于指持续时间足够短的照射，由此产生的剂量可被视为是瞬时的（例如少于1小时）。

几何形态 geometrical configurations

为输入过程而定义的几何形状（如池、液滴、气泡和膜等）。

计划靶体积 planning target volume

放射治疗中制定治疗方案时所用的一种几何概念。它考虑了患者与受照组织的移动、组织大小和形状的变化，以及射束大小和射束方向等射束几何条件的变化所产生的净效应。

计划照射情况　planned exposure situation

因某一源的计划运行或因引入某一源而导致照射的活动而发生的照射情况。

注：1. 由于能够在启动相关活动之前进行防护和安全准备，相关照射及其发生概率可从一开始就受到控制。

2. 在计划照射情况下，控制照射的主要方法是对装置、设备和操作程序进行良好的设计。在计划的照射情况下，预计会发生一定程度的照射。

计量器具　metrological instrument

能用以直接或间接测出被测对象量值的装置、仪器仪表、量具和用于统一量值的标准物质。

剂量　dose

某一对象所接受或"吸收"的辐射的一种量度。可以指吸收剂量、器官剂量、当量剂量、有效剂量、待积当量剂量或待积有效剂量等。

剂量和剂量率效能因数　dose and dose rate effectiveness factor（DDREF）

高剂量和（或）高剂量率与低剂量和低剂量率下单位有效剂量的危险或辐射危害之比。

注：1. 将高剂量和高剂量率下的观察结果和流行病学结论用于估计低剂量和低剂量率的危险系数。

2. 取代剂量率效能因数（DREF）。

剂量计校准　calibration of a dosemeter

用校准因数表征剂量计的过程。校准因数是在参考条件下被测量的常规真值与剂量计读数的商。

注：如果在参考条件下使用剂量计，则所测量的量值是读数与校准

因数的乘积。如果在非参考条件下使用剂量计,则所测量的量值是读数、校准因数和附加校正因数的乘积。

剂量率 dose rate

1. 单位时间的剂量。

2. 在关注点测量的每单位时间的周围剂量当量或定向剂量当量（视情况而定）。

注：单位时间的剂量,尽管原则上可对任何时间单位定义剂量率（例如年剂量在技术上是一种剂量率），但在 IAEA 出版物中,剂量率一词只应在短时间情况下使用, 例如每秒剂量或每小时剂量。

剂量率效能因数 dose rate effectiveness factor（DREF）

高剂量率与低剂量率的单位有效剂量的危险之比。

注：被剂量和剂量率效能因数（DDREF）取代。

剂量评价 dose assessment

对个人或人群组所接受的剂量进行评价。

注：1. 如根据工作场所监测或生物测定的结果对个人可接受或待积剂量进行评价。

2. 有时也用"照射量评价"一词。

剂量限值 dose limit

受控实践使个人所受到的有效剂量或当量剂量不得超过的值。

剂量约束 dose constraint

对源可能造成的个人剂量预先确定的一种限制,它是源相关的,被用作对所考虑的源进行防护和安全最优化时的约束条件。

注：对于职业照射,剂量约束是一种与源相关的个人剂量值,用于限制最优化过程所考虑的选择范围。对于公众照射,剂量约束是公众成员从一个受控源的计划运行中接受的年剂量的上界。剂量约束所指的照射是任何关键人群组在受控源的预期运行过程中,经所有

照射途径所接受的年剂量之和。对每个源的剂量约束应保证关键人群组所受的来自所有受控源的剂量之和保持在剂量限值以内。对于医疗照射，除医学研究受照人员或照顾受照患者的人（工作人员除外）的防护最优化以外剂量约束值应被视为指导水平。

记录 recording

为各种物项或服务的质量以及影响质量的各种活动提供客观证据的文件。

（辐射剂量）记录水平 recording level

由监管机构规定的剂量、照射量或摄入量的水平，在达到或超过该水平时，工作人员所受剂量、照射量或摄入量的值应记入其个人照射量记录。

技术规格书（技术条件）technical specifications

一种书面规定，说明产品、服务、材料或工艺必须满足的要求，并指出确定这些规定的要求是否得到满足的程序。

计算机化规程系统 computerized procedures system

通过计算机而非纸质形式体现的核动力厂规程的系统。

加速老化 accelerated ageing

为了在短时间内模拟预期寿命而将设备或元件置于与已知的可测的物理或化学劣化规律相一致的应力状态下，以呈现出类似于正常运行条件下预期寿命内将具有的物理和电气特性的加速过程。

加速器驱动次临界系统 accelerator driven sub critical system

加速器产生的质子束流轰击在次临界堆中的散裂中子靶，通过散裂反应产生的中子，驱动和维持次临界堆的正常运行。

假潮 seiche

封闭的或半封闭的水体由于大气的、海洋的或者地震扰动力而引起的振动。

注：具有与水位的固有频率接近的频率分量的扰动力，通过共振会产生巨大的振动。

假设始发事件 postulated initiating event

设计期间确定的可能导致预计运行事件或事故工况的假设事件。

假想关键人群 hypothetical critical group

假设的一组个体，其成员受到给定辐射源的辐射危险相当均匀，并且代表可能受到该给定辐射源所致辐射危险最大的个体。

坚稳性（鲁棒性）robustness

在发生合理预期的干扰情况下，部件继续保持预期的一项或多项安全功能的特性。

释：也称稳健性。

监查 audit

通过对客观证据的调查、检查和评价，为确定所制定的程序、指令、说明书、技术条件、规程、标准、行政管理计划或运行大纲及其他文件是否齐全适用，是否得到切实遵守以及实施效果如何而进行的审核并提出书面报告的工作。

内部监查 internal audit: 对一个单位的质量保证大纲中由本单位执行的部分所做的监查。

外部监查 external audit: 对一个单位的质量保证大纲中由另一个单位执行的部分所做的监查。

释：质量保证大纲可拓展至管理体系。

监测指令设备　sense and command features

产生与安全功能直接或间接有关的信号的电气和机械设备及其连接件，其范围是从被测过程变量开始，到执行装置输入端为止。

监督区　supervised area

见"控制区"。

监督性监测　surveillance monitoring

监督管理部门针对特定的辐射源，为监督该辐射源对周围环境是否造成影响或影响的程度是否在控制标准内而进行的监测，主要目的是为监督管理和行政执法提供依据。

（应急演习）监控员（exercise）controller

监督和引导实施演习情景的人员。

检查成像装置　inspection imaging device

一种专门为成像人员或货物运输工具而设计的成像装置，用于探测人体上或体内、货物或车辆内的隐藏物体。

注：1. 在某些类型的检查成像设备中，电离辐射通过后向散射、传输或两者同时作用产生图像。

2. 其他类型的检查成像设备利用电场和磁场、超声波和声纳波、核磁共振、微波、太赫兹射线、毫米波、红外辐射或可见光进行成像。

检查点　check point

国务院核安全监管部门及其派出机构所选择的需检查的某一工作过程或者工作节点。

注：根据检查方式的不同，检查点一般分记录确认点（R点）、现场见证点（W点）、停工待检点（H点）等三类。

（废物）减容（waste）volume reduction

减小废物体积的处理方法。典型的减容方法有机械压实、焚烧和蒸发等，减容也包括通过去污（达到豁免）或避免废物的产生来减少废物的总体积。

鉴定试验 qualification test

在设计过程中，为了保证设计满足预先设定的设计性能指标而对模拟件（或者样机）实施的实物验证试验。鉴定试验包括功能试验、抗震试验和环境试验（包括老化试验和设计基准事故工况试验）等。

鉴定寿命 qualified life

一个构筑物、系统或设备（部件）通过试验、分析和（或）运行经验已证明其能够在特定运行工况下在验收标准范围内运行，同时保持在设计基准事故或地震条件下能够实施其安全功能的时间。

鉴定裕度 qualification margin

鉴定时的试验条件与实际运行条件之间的差值。

鉴定状态 qualified condition

已证明在规定的服役条件下满足设计要求的设备在设计基准事件发生前的状态。

释：设计基准事件或为假设始发事件。

交迭试验 overlap test

为了检查整个通道、序列或负载组的功能，在通道、序列或负载组的不同部分或子系统上分段进行试验。

注：不同部分或子系统的试验要覆盖毗连的部件。

解控 clearance

审管部门按规定解除对已批准进行的实践中的放射性材料或物品的管理控制。

解体 disassembling

以各种方式，采用适宜的方法和机械，将已拆卸的工艺系统、设备、辅助设施进一步拆解，以便于后续作业的实践活动。

紧急防护行动计划区 urgent protective action planning zone

见"应急计划区"。

紧急停堆 emergency shutdown，scram

为减轻或防止危险状态而进行突然停堆的动作。

禁止特征 prohibited features

在规定抗震能力的地震或试验激励下，会导致设备发生结构完整性及功能失效或异常的详细设计、材料、结构特征或安装特性。

经验反馈 experience feedback

对核设施的事件、质量问题和良好实践等信息进行收集、筛选、评价、分析、处理和分发，总结推广良好实践经验，防止类似事件和问题重复发生。

静态分析 static analysis

基于系统或物项的组成、结构、内容或文档对其进行分析。

径向功率峰因子 radial peaking factor

反应堆堆芯内燃料棒或棒束的最大功率与平均功率的比值。

释：适用于棒状燃料。

纠正性维修 corrective maintenance

见"维修"。

均匀研究堆 homogeneous research reactor

采用的燃料为溶液形式裂变材料的研究堆。

K

抗震裕度 seismic margin

高于设计基准而实际具备的抗震能力。

注：通常用危及核电厂安全（特别是导致堆芯损伤）的地震动水平来表示。裕度的概念可以延伸到任何特定 SSCs，对它们而言，"危及安全"是指单独的或与其他失效组合的对堆芯损伤有影响的安全功能丧失。

抗震裕度地震 seismic margin earthquake

抗震裕度评价中所选择的用于抗震能力初步筛选的地震动，该地震动应大于电厂安全停堆设计基准地震动。

注：一般情况下，抗震裕度地震由峰值加速度和反应谱来定义，在实际应用中有时也称为审查级地震。

抗震裕度评价 seismic margin assessment

为评价核电厂的抗震裕度，并识别核电厂抗震薄弱环节而进行的过程或活动。

可传导率 conductible rate

在单位水力梯度下通过水文地质单元的单位宽度的导水率。它表示为水力传导率和水文地质单元饱和部分厚度的乘积。

可防止的剂量 avertable dose

采取防护行动所减少的剂量，即在不采取防护行动的情况下预期会受到的剂量与在采取防护行动的情况下预期会受到的剂量之差。

可接受的损坏 acceptable damage

如果对于某类事件的防护已满足设计安全要求，则认为由这种事件（或几种事件的组合）造成的损坏是可以接受的。

可接受限值 acceptable limit

国家核安全部门认可的限值。

可居留性 habitability

用于描述某一区域是否满足可以在其中连续或暂时居留的程度。

可靠性 reliability

某物项在给定状态下和给定时间间隔（使命时间）内完成所要求功能的概率。

可控状态 controlled state

在发生预计运行事件或事故工况后，核动力厂能够保证并维持基本安全功能，以便有足够的时间采取有效措施使其达到安全状态。

可裂变核素 fissionable nuclide

可发生裂变（无论由何种过程引起）的核素。

可能最大风暴潮 probable maximum storm surge

由热带气旋、可能最大温带风暴或可能最大飑线所产生的假设风暴潮。

可能最大降雨 probable maximum rainfall

对给定的历时、汇水面积和一年中的时间所估算的降雨深度，其值实际上不存在被超过的风险。

注: 对给定的历时和汇水面积的可能最大降雨量趋近于和近似于某

个极大值，在当前水文气象知识和技术许可的范围内，它被认为是实际可能的。

可燃毒物 burnable poison

放入反应堆内通过其逐渐燃耗来补偿反应性长期缓慢变化的中子吸收体。

可燃毒物组件 burnable poison assembly

含有可燃毒物、具有补偿部分剩余反应性作用的固定式组件。

可溶毒物 soluble poison

可溶于反应堆冷却剂中的中子吸收剂。

可探测故障 detectable failures

可以通过定期试验鉴别的故障，或通过报警或异常显示发现的故障。

注：1. 在通道级、序列级或系统级测出的部件故障都是可探测故障。

2. 可判别但不可探测的故障是通过分析来判断的故障，这类故障不能通过定期试验发现，也不能通过报警或异常显示发现。

可用性 availability

在获得所需的外部资源的前提下，某物项或系统在规定条件下在给定时刻或给定时段内执行其功能的能力。

注：可用性分为稳态可用性和瞬态可用性。

稳态可用性 steady-state availability： 某物项（或系统）长期运行时预期满意工作的时间份额。

注：对可修复物项的可用性，可归入长期稳态可用性。

瞬态可用性（瞬时可用性）transient availability（instantaneous availability）： 在某一给定瞬时，某物项（或系统）将正常工作的概率。

孔隙率 porosity

在给定多孔介质的样品（如土）的空隙体积与介质总体积（包括空隙体积）的比率。

孔隙率（有效的）porosity（effective）

由于重力能从饱和介质排除的水的体积对介质总体积的比率。

孔隙速度（渗透速度）pore velocity

水流在给定介质的孔隙内的平均速率。它近似于流量除以有效孔隙率。

控制棒 control rod

用于控制反应性的可动部件。

控制棒导向管 control rod guide thimble

组装在燃料组件中为控制棒运动提供导向和缓冲的管件。

控制棒价值 control rod worth

控制棒位置移动时引起的反应性变化，即为控制棒在移动范围内的价值，也称积分价值。控制棒移动单位距离引起的反应性变化，为控制棒微分价值。

控制棒驱动机构 control rod drive mechanism（CRDM）

升降或保持控制棒在一定位置用以实现反应堆启动、反应堆功率调节或停堆的装置。

控制区 controlled area

1. 辐射控制区：在辐射工作场所划分的一种区域，在这种区域内要求或可能要求采取专门的防护手段和安全措施，以便：

（1）在正常工作条件下控制正常照射或防止污染扩展。

（2）防止潜在照射或限制其程度。

2. 安保控制区：见"保卫区域"。

监督区 supervised area： 未被确定为（辐射）控制区通常不需要采取专门防护手段和安全措施但要不断检查其职业照射条件的任何区域。

控制室系统 control room system

人机接口、控制室人员、运行规程、培训大纲和相关的设施或设备的总体，它们共同维持控制室功能的正确执行。

控制系统 control system

影响反应堆反应性或者功率水平，或者影响专设安全设施状态的控制设备和装置。

跨境照射 transboundary exposure

一个国家的公众成员因其他国家的事故释放、排放或废物处置而释放的放射性物质所致的照射。

快速落棒时间 scram time

见"落棒时间"。

快中子增殖堆核动力厂 fast breeder reactor nuclear power plant

由快中子引起链式裂变反应并将所释放出来的热能转换为电能的核动力厂。

注：由于快中子反应堆在运行时，能在消耗易裂变核素的同时生产易裂变核素，且能使所产多于所耗，实现易裂变核素增殖，故称为快中子增殖堆（简称快堆）核动力厂。

快中子增殖因子（ε） fast fission factor

在热裂变占优势的无限介质中，由各种能量的中子引起裂变所产生的平均中子数与仅由热裂变产生的平均中子数的比值。

宽频带反应谱 broadband response spectrum

描述在宽频范围内产生放大反应运动的反应谱。

扩散 diffusion

在浓度梯度的影响下，放射性核素在其散布的介质中相对于该介质的运动。

注：通常用于描述气载放射性核素（例如排放或事故产生的）相对于空气的运动，以及溶解的放射性核素（例如在地下水或地表水中的，废物处置之后迁移出来的，或向地表水排放的）相对于水的运动。

扩散长度 diffusion length

扩散面积的平方根值。

扩散率（固有的） diffusibility（inherent）

由相关于扩散系数的孔隙速度（渗透速度）各分量确定介质扩散特性的多孔介质几何性质。

扩散面积 diffusion area

在无限均匀介质中热中子从出现点到消失点之间位移均方值的1/6。

扩散系数（在孔隙介质中） diffusion coefficient（in porous medium）

在孔隙介质中由于单位浓度梯度影响下单位时间内通过单位横断面的溶解物的量。

扩展计划距离 extended planning distance（EPD）

见"应急计划距离"。

L

老化 ageing

构筑物、系统或部件的物理特性随时间或使用逐渐变化的过程。

老化处理 ageing conditioning

样本设备置于模拟的环境、运行和系统条件（不包括设计基准事故条件）下暴露一段时间，使设备性能降质达到允许进行设计基准事故模拟试验的状况。

老化管理 ageing management

针对构筑物、系统和设备的老化效应及其影响，使核动力厂构筑物、系统和设备在其运行期间能够执行所必需的安全功能所开展的活动。

老化管理大纲 ageing management plan

针对核动力厂构筑物、系统和设备老化问题制定的管理和技术文件，该文件包括对老化效应的认知、检查、监测、预防或缓解等一系列老化管理活动，从而对老化管理范围内的每一个构筑物构件、设备部件或构件和部件组合的老化效应进行充分和有效管理。

老化机理 ageing mechanism

构筑物、系统和设备老化的特定机制。

老化降质 ageing degradation

构筑物、系统和设备一种或多种特性的即刻或逐渐降低，可能损害其执行设计功能的能力。

累积风险增量 accumulated risk increment

某配置的瞬时风险相对零维修风险的增量对该配置持续时间的累积，即为累积风险增量。常用的累积风险指标是堆芯损坏概率增量（ICDP）和早期大量放射性释放概率增量（ILERP）。

冷启动 cold start up

见"反应堆启动"。

冷却剂丧失事故（失水事故）loss-of-coolant accident（LOCA）

反应堆冷却剂流失速度超过反应堆冷却剂补充系统能力的事故。这种流失是由反应堆冷却剂压力边界破裂引起的，直到并包括等于反应堆冷却剂系统最大管道双端断裂大小的破裂。如果没有足够的冷却剂，反应堆堆芯可能会加热并熔化锆合金燃料包壳，从而导致放射性物质的大量释放。

冷态功能试验（冷态试验）cold functional test

见"功能试验"。

冷停堆 cold shutdown

见"（核动力厂）运行"。

联合演习 joint exercise

见"应急演习"。

链式裂变反应 chain fission reaction

裂变产生中子，中子又引起裂变，如此延续，使核裂变持续进行的核反应。

裂变产物 fission product

核裂变生成的裂变碎片及其衰变产物的总称。

裂变碎片 fission fragment

核裂变产生的带有该裂变所释动能的原子核。

注：1. 仅用于粒子本身带有动能并因此可能具有一定危险的情况，与粒子是否具有放射性无关。

2. 在其他场合下，应使用更常用的术语"裂变产物"。

临界 criticality

当链式核反应正处于自持（或临界），亦即反应性为零时，核链式反应介质的状态。

注：经常不太严格地用来指反应性大于零的状态。

临界安全指数 criticality safety index（CSI）

给装有易裂变材料的货包、外包装或货物集装箱指定的数值，利用它对装有易裂变材料的货包、外包装或货物集装箱的堆积装载加以控制。

临界棒位 critical position of control rod

反应堆处于临界状态时控制棒在堆芯内的位置。

临界尺寸 critical size

具有给定几何布置与材料组成的堆芯或装置能够达到临界所需的最小尺寸。

临界的 critical

1. 反应性为零。更宽泛地，也用于反应性大于零的情况。

2. 与可归因于某一特定源的最高剂量或危险有关。例如关键照射途径或关键核素。

3. 自持核链式反应的能力。例如临界质量。

临界（次临界）流 critical (subcritical) flow

流体速度等于（小于）局部流体状态条件下流体中声速的一种流体流动状态。

临界硼浓度 critical boron concentration

在使用可溶硼控制的反应堆中，可使反应堆处于临界状态的硼浓度。

临界前试验 precritical test

反应堆装料后临界前进行的试验。

注：例如反应堆冷却剂系统泄漏试验、反应堆冷却剂系统流量测定、反应堆冷却剂泵惰转流量试验、控制棒驱动机构试验、控制棒落棒时间测量、控制棒位置指示系统试验、安全保护系统动作试验、流量测定试验及堆内核测量仪表试验等。

临界热流密度 critical heat flux

偏离泡核沸腾热流密度和干涸热流密度的统称。

临界事故 critical accident

含易裂变材料的系统由某种原因引起的非预计临界或超临界事故。

临界体积 critical volume

与临界尺寸相应的体积。

临界质量 critical mass

具有给定几何布置与材料组成的介质或系统能够达到临界所需的易裂变材料的最小质量。

临界装置 critical assembly

见"反应堆"。

零功率试验 zero power test

反应堆达到临界后在极低功率下进行的反应堆物理特性试验。

注：包括控制棒价值和硼价值测定、模拟弹棒事故试验、最小停堆深度验证、慢化剂温度系数测定、功率分布测定、放射性水平测定及压力系统测定等。有时也称为低功率物理试验。

零维修风险 risk without maintenance

如果某瞬时风险对应的是核电厂所有设备都可用情况下的风险值，即没有设备因试验、维修等原因导致不可用（零维修）的情况下的风险值，该瞬时风险即为零维修风险。

流出物 effluents

核动力厂排入环境并可在环境中得到稀释和弥散的含放射性核素的气态流或液态流。流出物需在许可范围内排放，并应得到有效监控。

流出物监测 effluents monitoring

见"辐射监测"。

楼层反应谱 floor response spectrum

对于输入地震动，构筑物某一特定楼层标高运动的反应谱。

落棒时间 drop time

控制棒从其最高位置靠重力降落到堆芯底部所需的时间。

注：包括快速落棒时间和缓冲落棒时间。

快速落棒时间 scram time：控制棒从其最高位置靠重力降落到控制棒导向管水力缓冲口所需的时间。

缓冲落棒时间 dashpot drop time：控制棒从导向管水力缓冲口降落到堆芯中规定的最低位置所需的时间。

M

脉冲（反应）堆 pulsed reactor

见"反应堆"。

慢化 moderation

在无明显俘获的情况下，由散射引起中子能量降低的过程。

慢化比 moderating ratio

慢化剂的慢化能力与其热中子宏观吸收截面之比。

慢化剂温度系数 moderator temperature coefficient

慢化剂温度发生单位变化所引起的反应性变化。

慢性摄入 chronic intake

见"摄入（量）"。

（放射性）弥散（radioactive）dispersion

放射性核素在空气中（空气动力学的）或水中（水力学的）散布，主要产生于影响所处介质中不同分子速度的物理过程。

弥散（水力的）dispersion（hydraulic）

由传送输运和扩散引起的经过多孔介质的溶解物蔓延。

弥散地震 dispersion seismic

在地震构造区内，与已确认的发震构造无关的最大潜在地震。

密封屏障系统 sealed barriers system

由一道或多道独立的实体屏障连同相应的辅助设备（包括通风设备）所构成的系统，该系统能有效地限制或防止正常和异常条件下放射性物质向工作场所或环境的释放。

名义剂量 notional dose

在个人监测中，当工作人员佩戴的剂量计丢失或因故得不到读数时，用其他方法赋予该剂量计应有的剂量估算值。

敏感性分析 sensitivity analysis

通过函数的一个或多个自变量的变化引起给定函数值的变化所作的分析。

模拟机 simulator

利用计算机仿真技术对核动力厂的正常运行过程和事故运行过程进行模拟的专用设备。

模拟件 mock-up

国务院核安全监督管理部门在审查民用核安全设备制造、安装许可证申请时，要求有关申请单位针对申请的目标产品，按照1∶1或者适当比例制作的与目标产品在材料、结构型式、性能特点等方面相同或者相近的制品。该制品必须经历与目标产品或者样机一致的制作工序以及检验、鉴定试验过程等。

膜态沸腾 film boiling

冷却剂处于或低于饱和温度时，加热表面上形成蒸汽薄膜的沸腾。

模型 model

对一个真实系统以及在该系统内现象发生的方式的一种分析性

实物表示或量化，用于预测或评定该真实系统在特定（常为假设）条件下的行为。

模型校准 model calibration

将模型的预测值与模型模拟的系统现场观察值和（或）实验测量值进行对比，并在必要时根据预测的偏差调整模型，以实现模型预测与所测量和（或）所观察的数据的最佳匹配的过程。

目标应用 target application

针对某个已确定的应用目的、瞬态类型和核动力厂类型的安全分析。

N

钠冷阱（钠冷快堆）sodium cold trap

将回路中循环的钠局部冷却到能使杂质（通常是氧化钠）沉淀的温度，从而去除杂质的设备。

钠冷快堆 sodium-cooled fast reactor（SFR）

见"反应堆"。

钠净化（钠冷快堆）sodium purification

除去在运行过程中反应堆结构和一回路与钠接触表面落入钠中的金属、非金属杂质和腐蚀产物的工艺。

钠热阱（钠冷快堆）sodium hot trap

将回路中循环的钠在高温下与能同杂质（通常是氧化钠）发生反应的固态物质接触，从而去除杂质的设备。

钠水反应（钠冷快堆）sodium-water reaction

钠冷快中子堆核电厂蒸汽发生器传热管破损后，钠与水或蒸汽接触时伴随有升温、爆燃和发光等现象的剧烈化学反应。

耐火极限 fire resistance

建筑结构构件、部件或构筑物在标准燃烧试验条件下保持承受所要求的荷载，保持完整性、和（或）热绝缘、和（或）所规定的其他预计功能的时间长度。

内部监查 internal audit

见"监查"。

内部事件 internal event

源于核电厂内部的，由随机机械失效、电气失效、结构失效或人员失误引起的事件。该事件会直接或间接地引起始发事件，且可能导致安全系统失效或操纵员失误，从而可能导致堆芯损伤。

内部水淹 internal flooding

由厂内水淹源，如管道、水箱、热交换器等引起的水淹。

内照射 internal exposure

放射性核素通过食入、吸入或皮肤伤口等途径进入人体，在人体内滞留期间发生放射性衰变，从而对人体器官形成的辐射照射。

注：与外照射形成对照。

能动安全系统 active safety system

主要依赖能动部件（泵、能动阀门、电源设备等）行使安全功能的安全系统。

能动部件 active component

依靠触发、机械运动或动力源等外部输入而行使功能的部件。

能动断层 capable fault

在地表或接近地表处有可能引起明显错动的断层。

能动故障 active failure

能动部件在需求时功能故障，未能完成其预定的核安全功能。

注：能动故障不包括与部件运动部分的转动或位置变化无关的故

障，该故障属于非能动故障。由动力驱动的部件因其驱动系统或控制系统的原因而产生的误动作应作为能动故障，除非有专门的设计性能或运行限制来排除这种误动作。

能动系统　active system

依靠泵、风机或柴油机等能动部件来完成系统功能的系统。

年剂量　annual dose

一年中由外照射产生的剂量与该年由于摄入放射性核素产生的待积剂量之和。

注：除非另有说明，否则皆为个人剂量。

一般来说，这与所涉年份实际施予的剂量不同，后者将包括以前年份摄入并在体内残留的放射性核素所产生的剂量，而不包括所涉年份摄入的放射性核素在未来年份递延的剂量。

年摄入量限值　annual limit on intake（ALI）

参考人在一年中通过吸入或食入或通过皮肤对某一特定放射性核素的摄入量，该量将导致待积剂量等于相关的剂量限值。

注：年摄入量限值用活动单位表示。

年照射量限值　annual limit on exposure（ALE）

一年中将导致吸入年摄入量限值（ALI）的α粒子潜能照射量。

注：1. 用于氡子体和钍射气子体的照射。

2. 单位为焦·小时/米^3（J·h/m^3）。

O

偶然失效期 random failure period

在早期失效期后,表现为偶然失效的一段时间。

注:在此期间,某物项的失效率接近常数。

P

排管（重水堆）calandria tubes

为压力管穿过排管容器提供通道，隔离压力管与排管容器内慢化剂的部件。

排管容器 calandria

一种具有若干内部管道或通道的密闭的反应堆容器。这些管道或通道的设计能使液态慢化剂与冷却剂隔开，为辐照装置提供空间或容纳压力管。

释：一般适用于重水堆。

泡核沸腾 nucleate boiling

流体在湿润的加热表面上生成蒸汽泡的沸腾。

配置风险管理 configuration risk management

利用活态概率安全分析模型，根据核电厂实际运行配置计算风险指标，开展核电厂风险管理的方法。

配置管理 configuration management

识别和记录核动力厂构筑物、系统和设备（包括计算机硬件和软件）的特性，确保对这些特性的变更得到适当地设计、评价、批准、发布、实施、验证、记录并纳入核动力厂相关文件的过程。

配置基线 configuration baseline

在物项生命周期中的特定时间点上正式指定和固化的一系列物项配置。

喷放阶段（压水堆）blowdown phase

从失水事故发生，水、汽及其混合物通过破口向外喷射，到反应堆与安全壳压力平衡时为止的这一阶段。

喷淋阶段（压水堆）spray phase

换料水箱的水喷入安全壳空间的运行阶段。

硼当量 boron equivalent

反应堆某种材料（特别是燃料）内给定杂质对中子的吸收等价于硼吸收时的假想硼含量。

硼回收系统 boron recycle system

用蒸发和离子交换的方法处理一次冷却剂排放流并回收浓硼酸的系统。硼回收系统用于减少核动力厂的废液排放、保护环境、降低核动力厂的硼酸用量。

硼微分价值 differential boron worth

硼浓度发生单位变化所引起的反应性变化。

硼注入 boron injection

为使反应性迅速减少以便进行紧急停堆而将硼溶液注入反应堆液态慢化剂或冷却剂进入堆芯的过程。

偏离泡核沸腾 departure from nucleate boiling（DNB）

在泡核沸腾向膜态沸腾转变过程中，由于加热表面和冷却液体之间形成的汽膜减少了从表面到液体的传热，致使在热流密度-温差曲线上出现一个极值时的沸腾。

偏离泡核沸腾比　DNB ratio（DNBR）

燃料元件包壳上给定点的偏离泡核沸腾热流密度与实际热流密度之比。

频率截断值　cutoff frequency

反应谱中零周期加速度渐近线开始处的频率。单自由度振子的频率在超过该频率后将不再放大输入运动，这是所分析波形的频率上限。

平衡堆芯　equilibrium core

在燃料循环中加入燃料和卸出燃料的组成分别保持不变时的堆芯。

平均对数能降　average logarithmic energy decrement

当中子和某个动能与中子动能相比可以忽略不计的原子核发生弹性碰撞时，每次碰撞使中子能量的自然对数减少的平均值。

平均故障（失效）前时间　mean time to failure（MTTF）

不可修复物项的预期寿命，也就是出现故障（失效）的时间平均值（预期值）。

平均无故障工作时间　mean time between failures（MTBF）

可修复物项两相邻故障间工作时间的平均值（或预期值）。

平均修复时间　mean time to repair（MTTR）

完成某一修复行动所需时间的平均值（或预期值）。

注：平均修复时间包括从发现失效到恢复规定功能所需时间的平均值，即失效诊断、修理准备及修理实施时间之和的平均值。

平流 advection

因气体（通常是空气）或液体（通常是水）的移动导致物质的运动或热的传递。

注：1. 虽然有时采用更通用的含义（因空气的水平移动而产生热的传递）来描述由于溶解或悬浮于其中的液体的移动而产生放射性核素的运动，但在 IAEA 出版物特别是在安全评价中则更经常地用于较一般的意义。

2. 通常为扩散的对照词，放射性核素在扩散时做相对于承载介质的运动。

（演习）评估员（exercise）evaluator

评估练习或演习实施情况的人员。评估的范围包括情景设计与准备、参演人员对情景事件响应的适宜程度、应急计划与程序的执行及其有效性和适用性，以及应急响应设施的利用及其适用性等。

屏蔽发热 shield heating

中子或 γ 射线与屏蔽材料的原子核发生碰撞时损失的能量被屏蔽材料吸收而发热的现象。

破坏 sabotage

针对核设施或使用、储存或运输中的核材料，任何蓄意采取的行动，由此造成的辐射或放射性物质的释放，将直接或间接地危害到工作人员的健康和安全，并危及公众和环境。

破坏逻辑模型 sabotage logic model

记录可能导致不可接受辐射后果的恶意事件或恶意事件组合的逻辑模型。

破前漏 leak-before-break（LBB）

管道裂纹在正常运行、预计瞬态和安全停堆工况载荷的作用下发展到导致失效的尺寸之前已产生可探测到的泄漏。

注：对于满足 LBB 评价准则的管道，其突然灾难性失效是不可能的。

Q

启动中子源 startup neutron source

反应堆由次临界向临界接近的过程中，为了增加中子注量率使之易于测量的中子源。

气冷（反应）堆 gas-cooled reactor（GCR）

见"反应堆"。

潜伏性缺陷 latent weakness

安全层的某个要素中未被发现的一种降质。

注：这种降质可能导致该要素不能如所期望的那样发挥功能。

潜在照射 potential exposure

有一定把握预期不会受到但可能会因源的事故或某种具有偶然性质的事件或事件序列（包括设备故障和操作错误）所引起的照射。

欠慢化 undermoderated

当倍增系统的慢化剂对燃料的摩尔比值小于使系统的某个给定参数（例如材料曲率、临界质量等）达到极值的比值时，该系统所具有的慢化特性。

欠热沸腾 subcooled boiling

冷却剂在接近加热表面处已达到饱和温度而在冷却剂通道截面上的大部分仍低于饱和温度的沸腾。

注：此时蒸汽泡仅在加热表面附近产生。

强贯穿辐射 strongly penetrating radiation

见"辐射"。

强热带风暴潮理论 the severe tropical storm theory

研究缓慢移动的大尺度风暴系统的理论，其中风暴潮瞬时响应于向岸风应力。

注：这个理论考虑到沿岸流动与地转偏向力的相互作用。忽略了某些影响不大的一些因子以后，能够得到便于应用的简单模型。

强震活动性 strong seismic activity

具有显著、相关联和持续的结构活动的地震活动性。

注：强震活动性通常指与微震相反的大地震活动性。然而，这种活动性可因不同地区而异。在考虑一定区域的地震活动性后，必须确定该区域构成强震活动的地震活动性的程度。

轻水（反应）堆 light-water reactor（LWR）

见"反应堆"。

倾翻机 tilting machine

用于把燃料组件从水平位置转至垂直位置或由垂直位置转至水平位置的设备。

倾斜式提升机（钠冷快堆） inclined elevator

与垂直方向成一定夹角，倾斜安装在堆容器堆顶盖的接管上的装卸料提升机，其通过组件吊桶的往复运动实现燃料组件在堆容器内径方向和高度方向上的转移。

（污染）清除（contamination）clean up

通常指采用各种方式去除建（构）筑物表面、道路表面、土壤中放射性污染物的活动。

清洁解控 clearance

监管部门按规定解除对已批准的实践中的放射性材料或物品的管理控制。

清洁解控水平 clearance level

审管部门规定的，以活度浓度和（或）总活度表示的值，辐射源的活度浓度和（或）总活度等于或低于该值时，可以不再受审管部门的审管。

（演习）情景（exercise）scenario

为实现演习的预定目标，以实际可能发生的事件和（或）事故情景为基础所编制的练习或演习控制文件，它对事故情景的事件、事件序列和时间进程进行适当裁剪或压缩，详细说明裁剪或压缩后事件的特征与进程，并标明相应的预期响应行动。

情境意识 situation awareness

对核动力厂真实状况的动态感知过程和理解，以帮助个人和团队预测系统的未来状况。这是一种建立情境和未来行动计划的心智模型的方法。

注：情境意识程度对应于对核动力厂状态的理解与实际状态的差异。人因工程目的之一是支持操纵人员形成情境意识。

区域 area

足以把与某一现象有关的或某一特定事件影响所及的所有特征都包含在内的足够大的地理区域。

区域监测 area monitoring

见"辐射监测"。

驱动装置（驱动设备）actuation device，actuator

直接控制执行装置原动力（电力、压缩空气、液压流等）的部件或一些部件的集合，例如电路断路器、继电器和先导阀等。

去污 decontamination

用物理、化学或生物方法去除或减少污染。

去污因子 decontamination factor

放射性物质污染的初始浓度与经过去除处理后的浓度之比。

全厂断电（丧失所有交流电源）station blackout（SBO）

核动力厂内重要的和非重要的配电装置母线全部失去交流电源（即失去厂外电源同时汽机脱扣和厂内应急交流电源系统不可用）。

全寿期管理（"从摇篮到坟墓"的方案）"cradle to grave"approach

将设施、活动或产品生命周期中的从生产到最终处置所有阶段考虑在内的一种方案。

注：例如对放射源安全和安保采用"从摇篮到坟墓"的方案。

确定论安全分析 deterministic safety analysis

以纵深防御概念为基础，以保障反应性控制、余热排出和放射性包容三项基本安全功能为目标，针对确定的工况，采用相应的假设和分析方法，并满足特定验收准则的一套方法。

确定性时限 deterministic time limit

系统或部件从激励到响应之间的延时保证在一定范围内的特性。

确定性行为 deterministic behavior

系统或部件在规格范围内任意输入序列总是产生相同输出的特性。

R

燃耗份额 burnup fraction

某核素初始量中被燃耗的份额，通常用百分数表示。

燃耗信用 burnup credit

临界安全分析中的一种假设，这种假设考虑了在反应堆中应用后乏燃料内易裂变物质的变化和（或）裂变产物中子吸收剂的增加所引起的反应性减小。

燃料比功率 fuel specific power

堆芯内单位质量核燃料所产生的热功率。

燃料错装位事故 fuel misposition accident

燃料组件在堆芯内装错位置而可能影响反应堆安全的事故。

燃料通道 fuel channel

包含燃料组件或燃料元件并让冷却剂循环流过的穿过反应堆堆芯的通道。

燃料温度系数 fuel temperature coefficient

仅由燃料温度发生单位变化所引起的反应性变化。

（堆芯）燃料相关组件 core components

直接与燃料组件相关的控制棒组件、中子源组件、可燃毒物组件和阻流塞组件的总称。除控制棒组件外的所有燃料相关组件定义为固定式燃料相关组件。

注：适用于压水堆核电厂束棒型燃料相关组件。

燃料元件　fuel element

见"燃料组件"。

燃料运输通道　fuel transfer tube

反应堆厂房与燃料厂房之间用于运输燃料组件及其相关组件的通道。

燃料运输小车　fuel transfer carriage

在安全壳和燃料厂房之间运输燃料组件的专用工具。

燃料装卸和贮存系统　fuel handling and storage system

核动力厂中用于接纳新燃料、对新燃料进行使用前的检查和贮存、新燃料入堆、乏燃料出堆及燃料组件在堆芯中位置倒换、乏燃料的贮存和检查、乏燃料装运出厂、已辐照燃料组件的检查和修理等项操作的一系列设备和装置。

燃料组件　fuel assembly

作为一个整体装入堆芯，尔后又自堆芯撤除的燃料元件组。

释：组装在一起的整组燃料元件。

燃料元件　fuel element: 以燃料为其主要组成部分的最小独立结构件。

热备用　hot standby

反应堆维持在运行压力和温度的极低功率下的临界状态。

（辐射）热点（radiation）hot spot

辐射水平远远高于周围环境的很小的部位或局部区域。

热点因子 hot spot factor

考虑了核的和工程的各种不利因素后，热点的热流密度与堆芯平均热流密度的比值。

热短路 hot short

火灾情况下由于绝缘材料失效，相同的或不同的电缆内的独立导体之间相互接触，其中短路的导体中至少有一根通电进而导致所分析的电路上产生了外加电压或电流。

热屏蔽体 thermal shield

见"辐射屏蔽"。

热启动 hot start up

见"反应堆启动"。

热气导管（高温气冷堆）hot gas duct

高温气冷堆上连接反应堆和蒸汽发生器（或中间热交换器等）的管道。

注：通常由较短的同心双层管道构成，内管通过热氦气，外管通过冷氦气。

热生长 thermal growth

燃料棒因经受反复的温度变化（例如当反应堆功率升降时）而产生长度增加的现象。

热态功能试验（热态试验）hot functional test

见"功能试验"。

热态零功率　hot zero power

反应堆的一种运行状态，在这种状态下堆芯实质上是临界的，但是没有产生可测量的裂变释热，并且一回路冷却剂系统的温度和压力处于相应的零功率设计值。

热停堆　hot shutdown

反应堆维持在运行压力和温度下的次临界状态。

热通道（热管）hot channel

堆芯中考虑了核的和工程的各种不利因素后，热流密度和（或）比焓升最大的一条可能限制堆功率输出的燃料通道。

热通道（热管）因子　hot channel factor

考虑核的和工程的各种不利因素后，热通道中反应堆冷却剂的比焓升或轴向平均热流密度与相应的堆芯平均比焓升或平均热流密度的比值。

热中子利用因子（f）thermal utilization factor

在无限介质中，可裂变核素或给定的核燃料所吸收的热中子数与被吸收的热中子总数的比值。

人机接口　human-machine interface

运行人员与连接到核动力厂的仪控系统之间的接口，包括显示、控制以及与操纵员辅助系统之间的接口。

人口集中地区　population accumulation area

规划限制区内人口居住和通行密度较高、需要进行特殊控制的区域，如居民住宅区、学校、医院、办公密集地区、商业中心区、旅游点、养老院等，在划分时应考虑自然地形、人工设施等的有效阻隔。

人体运动控制 human movement control

人体肌肉系统的生理能力，能够控制力量运动和精细运动。

人因工程 human factors engineering（HFE）

关于人的能力和局限的知识在电厂、系统和部件设计中的应用。HFE 确保电厂、系统、部件、人的任务和工作环境与运行、维护和支持电厂的人的感觉、知觉、认知和生理特点相匹配。

人员可靠性分析 human reliability analysis

用于识别潜在的人员失误事件，并应用数据、模型或专家判断来系统地评估这些事件的概率的一种结构化方法。

人员失误 human error

超出某一可接受限制的任何人员动作，包括需要实施却没有实施的行为（动作），但不包括恶意的行为。

人员失误事件 human failure event

由于人员不动作或不适当地动作而引起的一个部件、系统或功能的失效，或不可用的基本事件。

认知不确定性 epistemic uncertainty

由于对现象认识不充分所导致的不确定性，它会导致无法精确模拟该现象。

熔盐堆 molten salt reactor

见"反应堆"。

冗余设备或系统　redundant equipment or system

功能相同的两个或两个以上的设备或系统，其中任何一个都可以完成要求的功能而与其他设备是否处于正常状态无关。

柔性设备　flexible equipment

最低共振频率小于反应谱截止频率的设备、构筑物和部件。

软件基线　software baseline

项目储存库中每个工件版本在特定时期的一个"快照"。它为此后的工作提供一个正式的标准，此后的工作基于此标准，并且只有经过授权后才能变更这个标准。

弱贯穿辐射　weakly penetrating radiation

见"辐射"。

S

散裂中子靶 spallation neutron target

可接受高能质子束流轰击而裂变产生中子的材料。

筛选概率水平 screening probability level（SPL）

某一特定类型的有影响事件的年发生概率值，低于这个概率值的某一事件在初步筛选时可以忽略不计。

筛选距离值 screening distance value（SDV）

用于初步筛选目的的距离值，超出这个距离值的外部人为事件的特定类型的潜在源可忽略不计。

筛选限值 screening limit

构筑物、系统和设备的安全重要修改筛选准则中给出的事故频率、故障概率或放射性后果的增加限值。

闪蒸 flashing

当一定温度的液体骤然进入到低于其饱和压力的环境中，液体由平衡状态转变为过热状态，变成部分饱和液及饱和蒸汽的现象。

商用（反应）堆 commercial reactor

见"反应堆"。

上充 charging

用上充泵将容积控制箱的水按照运行要求注入反应堆冷却剂系统的过程。

设备规格书 equipment specification

承担核动力厂设计与建造的总承包商或承包商对设备制造商规定技术要求和质量保证要求的文件。

设备监造 equipment manufacturing surveillance

为确保与核电安全相关重大设备的制造质量，采购方派遣有工作经验和相关资质的人员驻厂，对设备设计、制造进度及其质量控制进行的监督和检查。

设备鉴定 equipment qualification

通过试验、分析或运行经验获得的证据，证明在规定的服役条件和环境条件下设备能按规定的准确度和性能要求起作用。

注：设备鉴定包括环境鉴定和地震鉴定两个方面。

设备接口 equipment interfaces

设备边界的安装和连接部件。

注：例如接线盒、接头、垫圈、电缆、管道、密封件等。

设备设计规范书 equipment design specification

根据工艺系统的设计输出，对系统内设备规定设计要求的文件。

设计基准 design basis

用于确定核动力厂构筑物、系统和设备执行特定功能的信息，以及用于确定设计参考边界的控制参数特定值或取值范围。这些值可能是（1）为实现功能目标，来自普遍接受的"达到最高水准的"实践限制，或（2）来自假想事故影响分析（基于计算和/或实验）的要求，假想事故中构筑物、系统和设备必须满足其功能目标。

设计基准外部事件 design basis external events: 与某个外部事件或几个外部事件组合有关，能表达其特征，选定用于核电厂全部或其任何部分的设计参数值。

设计基准地震动 design basis ground motion

核动力厂抗震 Ⅰ 类、Ⅱ 类物项抗震设计中作为输入采用的地震动，包括运行安全地震动和极限安全地震动两个水准。

运行安全地震动（SL-1）operational safety ground motion： 核动力厂设计基准地震动的较低水准，主要用于对核动力厂运行安全控制、设计中的荷载组合与应力分析等，该地震动具有与极限安全地震动不同的用途。

极限安全地震动（SL-2）ultimate safety ground motion： 核动力厂设计基准地震动较高水准，是对应极限安全要求的地震动，通常为预估核动力厂所在地区可能遭遇的最大潜在地震动，对应的年超越概率为 10^{-4}。

设计基准洪水 design basis flood

为确定核动力厂设计基准而选定的洪水。

设计基准事故 design basis accidents

见"核动力厂状态"。

设计基准外部事件 design basis external events

见"设计基准"。

设计基准威胁 design basis threat

潜在的内部和外部或内外勾结的，可能企图对核材料或核设施实施擅自转移或蓄意破坏的敌对分子的属性和特征，实物保护系统要以此为依据进行设计和评估。

设计接口 design interface

一个单位、工作组或个人的设计责任和设计活动与其他单位、小组或个人的设计责任和设计活动之间的分界。它包括内部、外部设计接口；外部设计接口是指不同单位之间的分界；内部设计接口是指同一单位内各设计部门之间的分界。

设计扩展工况　design extension conditions

见"核动力厂状态"。

设计楼层反应谱　design floor response spectrum

在构筑物特定标高处的楼层运动反应谱，系通过考虑在地震动输入以及构筑物与基础的特性中的变化与不确定性修正一个或多个楼层反应谱而得到。

设计楼层时程　design floor schedule

由设计基准地震动导出的所考虑结构的楼层与时间有关的运动记录，其中考虑了输入地震动的可变性和不确定性及建筑物与地基的特性。

设计寿命　design life

设施或部件按其生产所依据的技术规范预期运行的时间。

摄入（量）intake

1. 放射性核素通过吸入、食入或通过皮肤进入体内的行为或过程。

2. 在给定时段或由于特定事件进入体内的某种放射性核素的活动。

急性摄入　acute intake: 摄入在足够短的时间内发生，因而在评估引起的待积剂量时可作为瞬时摄入处理。

注：急性摄入产生的照射不一定是急性照射。对于留存体内的长寿命放射性核素，急性摄入将导致慢性照射。

慢性摄入　chronic intake: 摄入在较长的时间内发生，因而在评估引起的待积剂量时不能作为单一瞬时摄入处理。

注：但是，慢性摄入可作为一系列急性摄入处理。

（操纵人员）身体健康（operator）health

体能、感知、表达和情绪等各方面能够满足从事核设施操作工作需要，不存在可能影响履行职责的健康问题，包括但不限于神经系统、心血管系统、内分泌系统、听觉、视觉、精神疾病或者缺陷。健康检查的具体判定由具备条件的医疗机构按照国家有关医学标准实施。

渗透率（固有的）permeability（inherent）

多孔介质的属性，它使液体和气体在压力和重力的联合作用下能运动通过多孔介质。

生命周期模型 life cycle model

一个框架，它包括从需求定义到使用终止，贯穿整个生命期的系统开发、操作和维护中所需实施的过程、活动和任务。

剩余反应性 excess reactivity

在任何时刻通过对控制棒和其他用于控制反应性的毒物的调节所能获得的最大反应性。

失误管理 failure management

基于知觉、认知偏差、人体测量学理论，确定人在人机接口中失误的可能性。人因工程预测失误并设计防止失误或避免失误影响核动力厂安全运行。

湿法贮存 wet storage

见"乏燃料贮存设施"。

湿井（沸水堆）wet-well

安全壳内贮存冷水和冰，用以冷凝从排放系统逸出的蒸汽的空间。

实地培训 site training

在模拟装置、实验室或厂房或核动力厂现场进行的培训项目。

注：如演习和演练等。

（工况）实际消除（condition）practical elimination

如果该工况实质上不可能发生或高置信度极不可能发生，则认为该工况被实际消除。

（辐射防护）实践（radiation protection）practice

任何引入新的照射源或照射途径、或扩大受照人员范围、或改变现有源的照射途径网络，从而使人们受到的照射或受到照射的可能性或受到照射的人数增加的人类活动。

石墨（慢化）堆 graphite reactor

见"反应堆"。

实体隔离 physical separation

由几何分隔（距离、方位等）、适当的屏障或二者结合形成的隔离。

（安保）实体屏障（security）physical barrier

栅栏、围墙或类似的障碍物。它们可起到入侵延迟和协助出入口控制的作用。

实物保护 physical protection

为防止入侵者盗窃、抢劫或非法转移核材料或破坏核设施所采取的保护措施。

实物保护措施 physical protection measures

实现探测、延迟、响应的实物保护三大功能所采取的物防、技防和人防的所涉及的人员、程序和设备。

实物保护系统 physical protection system

采用探测、延迟及响应的技术和能力，阻止破坏核设施的行为，防止盗窃、抢劫或非法转移核材料活动的安全防范系统。

实物老化 physical ageing

由于物理、化学或生物等因素的综合作用，可能会引起构筑物、系统和设备的物理性能随时间和（或）使用的逐渐劣化。

实验（反应）堆 experimental reactor

见"反应堆"。

实验装置 experimental assembly

装在堆内或反应堆周围利用反应堆中子通量和电离辐射束进行研究、开发、同位素生产以及其他工作的装置。

食入和商品计划距离 ingestion and commodities planning distance（ICPD）

见"应急计划距离"。

食入应急计划区 ingestion emergency planning zone

见"应急计划区"。

时限老化分析 time limited ageing analysis

时间变量下相关老化效应的分析评估，并与监管限值或准则进行对比，以明确构筑物和设备继续服役的能力。

始发事件　initiating event

见"事件树"。

示范（反应）堆　demonstration reactor

见"反应堆"。

事故分析许可基准　accident analysis licensing basis

许可证申请文件的一部分，描述了预计运行事件以及设计基准事故中，核电厂的热工水力响应以及安全系统的后续响应。

事故隔离　accident isolation

关闭贯穿安全壳的流体管道上设置的隔离装置，以终止事故进程或减轻事故的放射性后果。

事故隔离信号　accident isolation signal

自动触发隔离装置实施事故隔离功能的信号。

事故工况　accident conditions

见"核动力厂状态"。

事故管理　accident management

在事故演变过程中采取的一系列行动：

1. 防止升级为严重事故；
2. 减轻严重事故的后果；
3. 实现长期的安全稳定状态。

其中第 2 条中的事故管理（减轻严重事故的后果）也称为严重事故管理；广义上说，严重事故的事故管理包括在事故演变过程中采取的一系列行动以缓解堆芯的降级。

事故释放源项 source term released from accident

核电厂在事故工况下的放射性物质释放量。

事故序列 accident sequence

导致不希望后果状态（如堆芯损坏）的事件序列。

事故序列分析 accident sequence analysis

确定可能导致不希望后果状态（如堆芯损坏）的始发事件、安全功能以及系统失效和成功的组合的过程。

事件 incident/event/occurrence

其后果或潜在后果从防护或安全角度不可忽略的任何异常情况。

注：国际核与辐射事件分级表（INES）将核事件分为 7 个级别，1 级至 3 级统称为"事件"，其中 1 级为异常（anomaly），2 级为一般事件（incident），3 级为重要事件（serious incident）。

事件或者事故分级 events or accidents scale

按照国际核与辐射事件分级表对运行事件或者事故进行的分级。考虑核事件对人和环境的影响、对设施放射性包容和控制的影响、对纵深防御能力的影响，将核事件分为 7 级，其中较低级别称为事件，分别为异常（1 级）、一般事件（2 级）、重要事件（3 级）；较高级别称为事故，分别为影响范围有限的事故（4 级）、影响范围较大的事故（5 级）、重要事故（6 级）和重大事故（7 级）。对不具有安全意义的微小事件称为"偏差"，归为 0 级。

事件树 event tree

一种逻辑图，该逻辑图以某一始发事件或状态开始，通过一系列描述预期系统或操纵员行为的成功或失败的分支表示事故的进程，并最终达到成功或失败的终态。

始发事件 initiating event：干扰电厂稳定运行状态并可导致出现不

希望的电厂状态的事件。始发事件发生后要求电厂缓解系统及人员作出响应，一旦响应失败则可能导致不希望的后果（如堆芯损坏）。

注：低功率工况始发事件基本包括与功率工况相同的始发事件类型。停堆工况典型的始发事件包括丧失衰变热排出和丧失水装量，即干扰停堆工况正常或计划运行状态的任何事件，包括维修导致的事件。特定始发事件定义及发生频率与电厂运行状态有关。

事件序列 event sequence：始发事件发生后，一系列事件（如系统、功能和操纵员响应）的成功或失败，并最终成功缓解或者导致不希望后果（如堆芯损坏）的事件情景。一个事件序列有一个明显的终态。

事件树分析 event tree analysis

根据一般逻辑变化规律，从假设始发事件开始演变成系统故障事件的一种推理归纳方法。

注：1. 事件树以图表说明特定始发事件的选择结果。

2. 故障树分析考虑了类似的事件链，但从另一端开始（即从"结果"而不是从"起因"开始）。对于一个给定的事件组，完整的事件树和故障树是相互类似的。

事件序列 event sequence

见"事件树"。

试验 test

为确定或验证物项的性能是否符合规定要求，使之置于一组物理、化学环境或运行条件考验之下的活动。

试验持续时间 test duration

从试验启动到试验结束所经历的时间间隔。

试验反应谱 test response spectrum

由地震台面运动的实际时程得到的反应谱。

试验旁通 test bypass

在电厂功率运行期间，将被试验的安全组设置成允许任一个通道或负载组能试验、校准或维护，而不启动安全组的保护动作的试验方式。

适任评价 fitness assessment

由具有规定资格的职业医师根据健康检查结果，就工作人员对于预期或正在从事的工作的适任或持续适任程度作出的评价。

释放 release

通常指某些物质在外力作用下从一个空间向另外一个空间扩散。如放射性释放、冷却剂释放等。

注：释放既用于物理上的"科学"意义，也用于"监管"意义，以及通常意义上的释放，如能量释放。

首次临界试验 initial critical test

反应堆首次物理启动达到临界，实现自持链式核裂变反应的试验。

寿命管理（寿命周期管理）life management（lifetime management）

将老化管理与经济规划进行整合：

1. 优化构筑物、系统和部件的运行、维护和使用寿期；
2. 保持可接受的安全性能水平；
3. 在设施的使用寿期内改进经济特性。

注：在寿命管理（寿命周期管理）过程中，寿命周期的所有阶段都可能有需要考虑的影响。

1. 例如有关产品、过程和服务的方案，其中确认在一项产品寿命周期的所有阶段（原料的提取和加工、制造、运输与分配、利用和再利用以及再循环和废物管理）都存在环境影响和经济影响。

2. 与寿命周期不同的生命周期一词意指生命真正具有周期性（如在再循环或后处理的情况下）。

寿末状态 end condition

设备老化处理到预期适用寿命末的状态指标所表征的设备状态。

数字化修改 digital modification

涉及一台或多台计算机的修改，例如：计算机、计算机程序、数据（及其演示）、嵌入式数字设备、软件、固件、硬件、人机接口、微处理器和可编程数字设备等修改。通常包括以下三类活动：

1. 软件相关活动；
2. 硬件相关活动；
3. 人机界面相关活动。

衰减 attenuation

由于吸收和散射等过程而导致通过物质的辐射强度发生减弱的现象。

注：依此类推，该术语也适用于一些放射性、特性或参数在通过一种介质的过程中逐渐减少的其他情况（例如地下水透过岩石圈后其放射性活度因吸着等过程而降低）。

双道光纤密封 double optical fiber seal

两个串联的单道光纤密封。

双端断裂事故 double end guillotine break accident

反应堆冷却剂管道沿圆周断开并完全错位导致反应堆冷却剂大量流失的一种假想事故。

双偶然事件原则 double contingency principle

工艺设计应留有足够的安全系数，使得在各有关的工艺条件中，至少必须同时或相继发生两种独立的、不大可能发生的改变，才有可能导致核临界事故。

水密实 water solid

反应堆已停堆，余热排出系统投入并且稳压器满水的状态。

水文地质单元 hydrogeological unit

任一隔水层、蓄水层或弱透水层。

水淹情景 flood scenario

描述水淹事件的一组要素。

注：这些要素通常包括水淹时刻的电厂运行状态、水淹区域、水淹源和失效模式，水淹事件类型（例如喷淋、局部水淹、重大水淹等），还包括水淹漫延、水淹损坏的SSCs和始发事件在内的水淹影响，以及操纵人员动作和缓解系统的响应等。

水淹区域 flood area

与其他区域之间有足以防止水淹危险充当水淹屏障相隔离的建筑物或核电厂的一部分。在同一水淹区域内，水淹对电厂有相似的影响。

水淹效应 flood effect

因水淹而对构筑物、系统和部件产生的不利影响。

瞬发临界 prompt critical

仅瞬发中子就能使产生链式核反应的介质或系统达到的临界。

瞬时风险 transient risk

在特定的核电厂配置情况下计算得到的风险水平数值，伴随核电厂配置随时间的变化，瞬时风险也是变化的。核电厂常用的瞬时风险指标是堆芯损坏频率（CDF）和早期大量放射性释放频率（LERF），单位是堆年$^{-1}$。

瞬态可用性（瞬时可用性）transient availability（instantaneous availability）

见"可用性"。

随机变量（应用于水文学时）random variable（applied to hydrology）

应用在水文学中变量的术语，其数值基本是随机性的，但也可能含有与时间（空间）非随机的成分。

注：例如在河流中的某一特定地点，水位变量的时间序列是由平稳随机分量和非平稳随机分量组成的，例如平稳随机分量是指周期性分量（如季节性的）、非平稳随机分量（趋向和突变）是指由于逐渐的或突然的变化（如流域特性上的变化）所引起的分量。

随机不确定性 random uncertainty

现象的内在不确定性，与随机发生的事件或者现象相关。

随机性效应 stochastic effect

一种由辐射诱发的健康效应，其发生概率随辐射剂量的增加而增大，而其（如果发生）严重程度与剂量无关。

注：1. 随机性效应可以是躯体效应或遗传效应，而且其发生通常不存在剂量阈值水平。实例包括实体癌症和白血病。

2. 对照词：确定性效应。

锁闭隔离阀 sealed closed isolation valve

用下列方式之一由行政控制保持在关闭状态的阀门：

1. 用机械装置或锁将阀门保持在关闭位置；

2. 用封印或锁锁住已关闭阀的手操作器；

3. 用封印或锁锁住电闸或动力源，防止向阀门供给动力。

T

滩肩 beach berm

受波浪作用使物质淤积或侵蚀而形成的海滩上近乎水平的部分。

注：滩肩并不总是存在，而且有一些海滩具有超过一个以上的滩肩或随季节而变化。

（核）探测 detection

实物保护系统中，对潜在恶意行为或其他未经授权的行为的检测、报警及报警复核的全过程。

逃脱共振俘获概率（p） resonance escape probability

在无限介质内，中子在慢化过程中能通过整个共振能区或其中某给定能区而不被俘获的概率。

特殊监测 special monitoring

见"辐射监测"。

特殊形式放射性物质 special form radioactive material

不可分的固体放射性物质或含有放射性物质的密封容器。

天空反射 sky shine

又称天空散射或天空反散射，在辐射源设有足够厚的屏蔽墙而无顶部屏蔽，或屋顶较薄的情况下，射向天空的辐射受大气的反散射作用，造成屏蔽墙周围地面附近辐射场增强的现象。

天然本底 natural background

与天然源或环境中不受控制的任何其他源有关的剂量、剂量率或活度浓度。

条件概率值　conditional probability value（CPV）

某一特定类型的事件导致不可接受的放射学后果的条件概率的上限。

注：该术语用于厂址评估中详细的事件筛选过程。

调节棒　regulating rod

调节插入堆芯深度、以快速补偿运行时各种因素引起的反应性波动的控制棒（组）。

调试　commissioning

核动力厂已安装的设备和系统投入运行并进行性能验证，以确认是否符合设计要求，是否满足性能标准的过程。调试包括不带核试验和带核试验。

停闭　close

核设施已经停止运行，并且不再启动。

停堆　shutdown

使反应堆达到规定次临界深度的过程，或反应堆处于规定次临界深度的状态。

停堆棒（安全停堆棒）safety rod

为紧急停堆提供负反应性储备的控制棒（组）。

停堆反应性　shutdown reactivity

反应堆由控制装置引入最大负反应性而处于次临界状态时的反应性量。

停堆硼浓度 shutdown boron concentration

在使用可溶硼控制的反应堆中，控制棒按停堆要求配置，使反应堆具有给定的停堆深度所需的硼浓度。

停堆深度 shutdown margin

反应堆处于次临界状态偏离临界的程度。

注：通常用负反应性量来表示。

停堆系统 shutdown system

由手动或由保护系统来的信号触发，并使反应性快速下降而执行停堆所需的系统。

停堆裕度 shutdown margin

当具有最大反应性的控制装置移出堆芯和所有在运行期间可以改变位置或修改的实验处于最大反应性工况时，除维持反应堆无限期处于次临界状态所需的负反应性以外的负反应性。

注：也称停堆裕量。

停运 post operation

因各种原因致使核设施停止正常运行后所处的状态。

通道 channel

系统内相互连接的几个部件发出单一输出信号的配置，在单一输出信号与来自另一通道（例如监测通道或安全驱动通道）的信号结合在一起的地方，通道终止。

通道检查 channel check

定期比较冗余仪表通道的指示，以检验这些通道良好符合准则的过程。

通道校准　channel calibration

调整通道的输出，使之对该通道所测参数的已知值和功能测试性能具有可接受的量程和精度。

通量峰因子　flux peaking factor

局部中子通量密度的最大值与堆芯内中子通量密度平均值的比值。

通量阱　flux trap

在欠慢化的堆芯中由慢化剂材料所构成的区域。它能使局部的热中子通量密度升高。

通量展平　flux flattening

通过引进中子吸收剂或改变核燃料浓度等方法，使堆芯内中子通量密度达到近似平坦的分布。

通用安全分析程序　general purpose computer programs

可应用于分析不同目的、不同核动力厂在不同事故工况下的安全分析程序。

（设备）通用设计（equipment）generic design

具有相似的材料、制造工艺、极限应力、设计方案和工作原理的设备系列，可统一由一个简化的典型设备进行鉴定。

同行评估　peer review

由从事相同职业的他人对商业、专业或学术方面的效率和能力等进行的审查或评审。

注：此外，同行评估由相关领域的专家对申请批准的科研项目进行评价；学术刊物将所收到待发表的论文交给外部专家，征求对论文的适宜性和价值的意见的过程；以及做出裁决。

筒仓（混凝土桶）silos（concrete bucket）

见"乏燃料贮存设施"。

投放式辐射环境自动监测装置 portable radiation environmental automatic monitoring unit

用于环境γ辐射自动监测，可自供电、能快速投放至现场进行组网监测的装置，简称"投放式自动装置"。

退役 decommissioning

采取去污、拆除和清除等措施，使核设施不再使用的场所或者设备的辐射剂量满足国家相关标准的要求。

退役方案 decommissioning option

实施退役工程的具体技术路线和主要技术活动框架。

退役管理目标值 authorized criteria of decommissioning

在遵守国家标准的原则下，根据待退役核设施所处的地理位置、复杂程序、污染状态、保留设施及场址的利用前景、环境条件、经费、社会人文、政治等因素，在进行辐射防护最优化后推荐的、并经审管机构认可的该核设施退役实践的执行标准。

退役前期技术准备 technical documentation for decommissioning

为核设施退役工程立项进行的各种技术文件的编制和各种相应的准备工作。

注：工作内容包括退役方案论证，退役放射性源项调查、物料衡算、污染物特性鉴定、管理目标值推荐、退役费用估算，以及辐射安全、退役废物管理、质量保证、退役工程进度安排、退役过程辐射监测、退役工程完工状态辐射监测、可行性研究报告、环境影响评价报告、安全分析报告等研究、编制和实践活动。

退役源项调查 source term survey for decommissioning

对退役核与辐射设施的放射性物项和非放射性物项做调查。

退役整体规划（计划）decommissioning planning

营运单位所作的或委托其他单位所作的待退役核设施退役策略和总体安排，包括所有重大活动的顺序安排、退役中重大安全问题及解决途径、安全相关系统的维护和（或）建议、退役废物的管理及相关设施、重要退役技术的选择及研发、退役目标的确定、时间进度的设想、退役费用的匡算及筹措方式等。

托运货物 consignment

托运人提交运输的任何一个货包或多个货包，或放射性物质运载。

托运人 consignor

在中华人民共和国境内，申请将托运货物提交运输并获得批准的单位。

U

无。

V

无。

W

外部监查　external audit

见"监查"。

外部事件　external event

在核动力厂所在区域内，可能对核动力厂安全或核活动产生影响的事件，包括外部自然事件和外部人为活动引发的事件。

外部水淹　external flooding

由外部水淹源，比如降雨、溃坝、海啸、波浪、风暴潮等，造成的事件或灾害。

外露的钢结构　exposed structural steel

没有用非能动的防火屏障（例如延缓火灾的外层）保护的钢结构单元。

外露电缆　cable in free air

既不在电缆通道内也不在设备壳体内的一段电缆。

外推距离　extrapolation distance

单群中子输运理论确定出的，当假定介质边界外的渐近中子通量密度可用与边界内相同的函数表示时，此通量密度在介质边界外达到零的一点到介质边界的距离。

外照射　external exposure

由体外源引起的辐射照射。

注：与内照射形成对照。

网络攻击 network attack

计算机和通信系统与网络的物理或逻辑威胁的一种表现形式。
注：包括试图对重要数字资产和（或）关键系统的服务、资源或信息进行未经授权的访问，试图破坏重要数字资产和（或）关键系统的完整性、可用性或保密性，或试图对核安全、实物保护和应急响应造成不利影响。

微动 microseis

振幅很小（只有几微米）的环境地面振动。振动可能由天然的和（或）人为的原因所造成，例如风、海浪、交通干扰等。微动有时称微震。

微分反应性 differential reactivity

堆芯某参数单位变化所引起的反应性变化。

微型中子源（反应）堆 miniature neutron source reactor

见"反应堆"。

微震 microseism

震级小于3级的地震。

维修 maintenance

保持设备处于良好工作状态的活动，包括预防性的和纠正（或修理）性的两个方面。

预防性维修 preventive maintenance: 探测、排除或缓解功能性构筑物、系统和设备（部件）降质的行为，通过将降质和故障控制在可接受的水平来维持或延长其使用寿命。
注：预防性维修可以是定期维修、计划维修或预见性维修。

预见性维修 predictive maintenance: 根据观察到的状态而决

定的连续或间断进行的预防性维修，以监测、诊断或预测构筑物、系统和设备（部件）的状态指标。这类维修的结果应表明当前和未来的功能能力或计划维修的性质和时间表。

注：亦称基于状态的维修。

纠正性维修 corrective maintenance: 通过修理、大修或更换而使发生故障的构筑物、系统和设备（部件）恢复在验收准则范围内的运行能力的行动。

注：纠正性维修不一定会显著延长功能构筑物、系统或设备（部件）的预期使用寿命。

维修冷停堆 maintenance cold shutdown

见"（核动力厂）运行"。

维修有效性 maintenance effectiveness

对特定的构筑物、系统和设备，按照其设计基准、运行经验设定能反映维修有效性的指标。通过比较上述指标与该构筑物、系统和设备在运行、维修、试验中所表现的实际性能，来判断维修是否有效。

未经授权的转移 unauthorized removal

以盗窃或其他非法手段获取核材料或其他放射性物质的行为。

未能紧急停堆的预期瞬态 anticipated transient without scram（ATWS）

核电厂发生一种预期事件而使反应堆物理、热工参数发生变化，并达到停堆阈值，但当要求随后自动停堆时反应堆却未能停堆。

注：又称 ATWT（anticipated transient without trip）。

未遂事件 near miss

由于一系列实际事件的后果而本可能已经发生的，但因当时的条件而没有发生的一个潜在的重大事件。

文件（质量保证）document

对于质量保证有关的活动、要求、程序或结果加以叙述、定义、说明、报告或证明的文字记录或图表资料。

稳定碘　stable iodine

含有非放射性碘的化合物，当事故已经导致或可能导致释放碘的放射性同位素的情况下，将其作为一种防护药物分发给居民服用，以降低甲状腺的受照剂量。

稳态可用性　steady-state availability

见"可用性"。

稳压器　pressurizer

用于稳定和调节反应堆冷却剂系统工作压力的设备。

稳压器卸压箱　pressurizer relief tank

接收稳压器的卸压阀和安全阀排出的蒸汽和（或）水、余热排出系统的安全阀及化学和容积控制系统的安全阀等的排出物并对其进行冷却的容器。

污染区　contamination zone

因实际的或潜在的空气污染或松散表面污染超过规定的水平而需要采取特殊防护行动的区域。

物项　item

材料、零件、部件、系统、构筑物以及计算机软件的通称。

释：关于物项的分级分类，目前业界有不同观点和划分模式，以下相关划分模式仅代表编者观点，仅供参考。

物项可分为安全重要物项和非安全重要物项（非安全级）。

```
                        ┌──────────┐
                        │   物项   │
                        └────┬─────┘
          ┌──────────────────┴──────────────────┐
    ┌───────────────┐              ┌────────────────────────┐
    │ 安全重要物项  │              │ 非安全重要物项（非安全级）│
    └───────┬───────┘              └────────────────────────┘
      ┌─────┴───────────┬─────────────────────┐
┌──────────────┐ ┌──────────────┐ ┌────────────────────────┐
│安全有关（级）物项│ │安全（级）物项│ │用于设计扩展工况的安全设施│
└──────────────┘ └──────┬───────┘ └────────────────────────┘
                 ┌──────────────┐
                 │   安全系统   │
                 └──────┬───────┘
          ┌─────────────┼─────────────────┐
   ┌──────────┐  ┌──────────────┐ ┌────────────────┐
   │ 保护系统 │  │ 安全执行系统 │ │ 安全系统辅助设施│
   └──────────┘  └──────────────┘ └────────────────┘
```

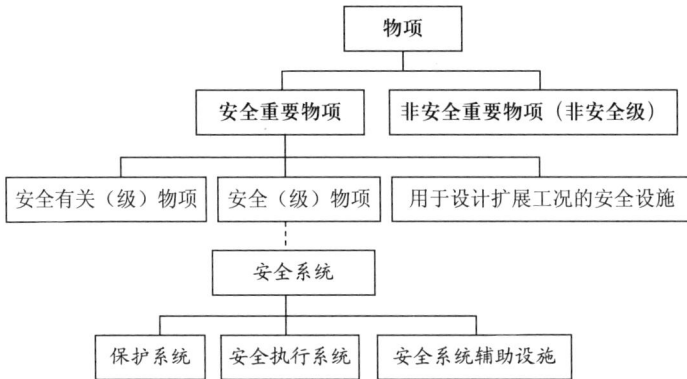

安全重要物项，安全重要构筑物、系统和设备（部件）safety important items，safety important structures，systems and components（SSCs）：属于某一安全组合的一部分，其失效或故障可能导致对厂区人员或公众的辐射照射的物项。

安全重要物项包括：

1. 失效或故障后可能导致厂区工作人员或公众遭受过分辐射照射的构筑物、系统和设备（部件）。

2. 防止预计运行事件上升为事故工况的构筑物、系统和设备(部件)。

3. 用于缓解构筑物、系统和设备（部件）故障后果的设施。

注：安全重要物项分为安全（级）物项和安全有关（级）物项，以及用于设计扩展工况的安全设施（也可不单列此类）。

    安全（级）物项 safety items：安全上重要的物项，用于保证反应堆安全停堆、从堆芯排出余热或限制预计运行事件和设计基准事故的后果。

        安全系统 safety system：安全上重要的系统，用于保证反应堆安全停堆、从堆芯排出余热或限制预计运行事件和设计基准事故的后果。

            保护系统 protection system：监测反应堆的运行，并根据探测到的异常工况信号，自动触发动作以防止发生不安全或潜在的不安全工况的系统。

            安全执行系统 safety actuation system：由保护系统

触发用以完成必需的安全动作的设备组合。

安全系统辅助设施 safety system support features: 为保护系统和安全执行系统提供所需的冷却、润滑和动力等服务的设备组合。

安全有关（级）物项 safety related items: 安全重要的但不属于安全系统的物项。

释：不属于安全系统，也不属于用于设计扩展工况的安全设施的物项。

部件 component: 组成系统的一个部分。一个部件可以是硬件或软件，并可以再细分为其他的部件。

注：1. 部件可以是硬件部件（例如电线、晶体管、集成电路、电机、继电器、电磁阀、管道、配件、泵、水箱、阀门）或软件部件（例如模块、例程、程序、软件函数）。

2. 一个部件可以由其他一些部件组成。

释：1. 在我国早期核安全法规导则中一般使用"构筑物、系统和部件"的说法，但《中华人民共和国核安全法》中使用了"构筑物、系统和设备"的描述，因此后期发布的文件多使用了"设备"的措辞，一般来说，不细分的话，"部件"和"设备"在 SSCs 中所表述的概念是相同的。

2. 如果文件中对"部件"或"设备"有指定范围的，可以明确进行说明。

X

吸附 sorption

原子、分子或粒子与固体表面在固-液或固-气界面的相互作用。

吸收 absorb

1. 放射性核素从生物系统的一部分进入另一部分的过程的总称。

2. 放射性核素从呼吸道、消化道或通过皮肤进入体液的过程，或通过这些过程进入体液的摄入部分。

吸收份额 absorbed fraction

在特定源区作为特定的辐射类型发射，并被特定靶组织吸收的能量份额。

吸收剂量（D） absorbed dose

基本的剂量学量 D，定义为：$D=\mathrm{d}\varepsilon/\mathrm{d}m$

式中：$\mathrm{d}\varepsilon$ —— 电离辐射给某一体积元中物质所授予的平均能量；

$\mathrm{d}m$ —— 体积元中物质的质量。

注：1. 能量可以在任何定义的体积上平均，平均剂量等于该体积中授予的总能量除以体积中的质量。

2. 吸收剂量是在一个点上定义的；对于某一组织或器官中的平均剂量，见器官剂量。

3. 吸收剂量的国际单位(SI)是焦耳每千克(J/kg)，称为戈瑞(Gy)。

稀有事故 infrequent accidents

见"核动力厂状态"。

（生活）习性调查（living）habit survey

对公众成员行为中诸如饮食、食物消费率或不同区域的居留情况等可能影响其照射的各个方面进行评价，通常是为了表征代表人。

洗涤废液 detergent waste

含有洗涤剂、肥皂或类似有机物质的液体。

注：这种液体主要来自洗衣水、人员淋浴水以及那些放射性水平不高的设备的去污废液。

系统代码 system code

能够模拟诸如核动力厂等复杂系统的瞬态性能的计算机模型。

注：1. 系统代码一般包括热工水力学、中子物理学和传热学的各种方程式，而且必须包括用于模拟泵和隔离装置等部件性能的特殊模型。

2. 系统代码通常还模拟在电厂采用的控制逻辑，并能够预测事故的演变过程。

下泄 letdown

从反应堆冷却剂系统泄出一定量的水流入化学和容积控制系统的过程。

氙不稳定性 xenon instability

随热中子通量密度变化的氙中毒使大型热中子堆局部的功率水平发生振荡。

氙平衡 xenon equilibrium

反应堆内裂变毒物 ^{135}Xe 的生成量与由吸收中子和放射性衰变造成的消失量完全相等时所处的状态。

氙瞬变过程 xenon transient

由反应堆局部功率或总功率变化引起的偏离氙平衡的过程。

氙中毒，氙效应 xenon poisoning，xenon effect

反应堆中由裂变毒物 ^{135}Xe 俘获中子而引起反应性减少的现象。

显示通道 display channel

由电气和（或）机械的部件或模块所构成的从过程变量测量到显示装置的配置，以检测、处理和显示核电厂工况。

显著老化机理 significant ageing mechanism

在正常和异常运行环境下，使设备在安装寿期内性能劣化趋势明显的老化机理。

现场操作员 local operators

在控制室外执行任务的操作人员。

现场可编程门阵列 field-programmable gate array（FPGA）

可由仪控制造商进行现场编程的集成电路，包含了可编程的逻辑模块（组合或顺序使用）、逻辑模块间可编程的连接关系及可编程的输入输出模块。其功能由仪控设计者定义，而不是由电路制造商定义。

现存照射情况 existing exposure situation

当不得不采取控制决策时，业已存在的一种照射情况。

注：现存照射情况包括易于控制的天然本底辐射的照射，来自过去从未受到监管控制的实践的残留放射性物质的照射，来自宣布应急终止后核或辐射应急残留的放射性物质的照射。

现象识别与排序表　phenomena identification and ranking table

根据上下语义，可以指表格或过程。是指确定某现象（或物理过程）对核动力厂在某事故或瞬态条件下行为影响的相对重要性的过程。

线功率密度　linear power density

单位长度燃料元件产生的热功率。

线性无阈值假设　linear-no threshold（LNT）hypothesis

假设对（低于发生确定性效应时的）剂量和剂量率的所有水平而言，随机性效应的危险均与剂量成正比。

注：1. 任何非零剂量都意味着随机性效应的非零危险。

2. 这是国际原子能机构安全标准（和国际放射防护委员会建议）所依据的工作假设。

3. 对于低剂量和剂量率而言，这一假设未经证明，而且实际上很可能无法证明，但它被认为是在放射生物学上最能站得住脚的假定，安全标准即以它为依据。

4. 其他假设则推测在低剂量和（或）剂量率的随机性效应危险为：

（1）大于线性无阈值假设所指的危险（超线性假设）；

（2）小于线性无阈值假设所指的危险（亚线性假设）；

（3）在低于某一剂量或剂量率阈值时危险为零（阈值假设）；或

（4）在低于某一剂量或剂量率阈值时危险为负，即低剂量和剂量率能够防止个人遭受随机性效应和（或）其他类型的伤害（刺激假设）。

相对生物效能　relative biological effectiveness（RBE）

度量不同辐射类型诱发特定健康效应的相对效应，表示为两种不同辐射类型的吸收剂量的反比，而这两种辐射类型将产生相同程度的某一规定生物学终点。

相关电路 associated circuits

未采取有效措施实现与安全级电路的实体分隔或电气隔离的非安全级电路，这些措施包括：保持符合要求的分隔距离、采用安全级构筑物、设置屏障或采用隔离装置等。

注：电路包括相互连接的电缆和所连接的负荷。

相加风险预测模型 additive risk projection model

一种风险预测模型，其中假定照射会导致与剂量成比例的风险，但与效应的自然概率无关。

（安保）响应（security）response

为制止风险事件的发生，所采取的快速行动。

（部件）响应时间（component）response time

某一部件从接到要求其转为输出状态的信号起到实现规定输出状态为止所需要的时间。

小型模块化核动力厂 small modular nuclear power plant

单堆堆芯热功率不大于 300MW，采用模块化设计，充分利用固有安全特性的先进水冷反应堆核动力厂。

卸料 discharge

见"（核动力厂）运行"。

新构造 neotectonics

与断层的最新活动有关的构造。指地震区的第四纪构造。

型式试验 type test

为了证实设计和制造过程满足使用要求，在代表设计、材料（部件）和制造工艺相同设备的一个或多个样本上进行的符合性试验。

性能标准　performance standard

为确保高水平的安全性，对结构、系统或设备或其他设备项、人员或程序所需性能的描述。

性能指标　performance indicator

对单个设备、系列、系统乃至整个电厂设定的用于监测的可靠性、可用性指标。

注：如有必要，对单个设备还可设定其参数状态（振动、流量、温度等）作为性能指标。对构筑物可设定其外观状态（腐蚀、壁厚、倾斜度等）作为性能指标。

修复率　repair rate

单位时间内完成某种修理的预期次数。

需求分析　requirements analysis

需求分析活动是研究用户需要以得到软件需求的定义过程，或者研究和重新定义软件需求的过程。需要确定评价模型确切的应用范围，并要对范围内的现象、过程和重要参数进行识别并按重要度排序。

需求工程　requirements engineering

包含了对一系列需求开发、记录和维护活动的工程过程。

许可证（执照）licence/license

由国家核安全部门颁发的，申请单位据以确定核电厂厂址、进行核电厂的建造、调试、运行和退役等特定活动的授权证书。

许可证基准文档 licensing basis documentation

适用于一个特定核电厂的一系列监管要求和许可证申请者对需遵照和适用的监管要求范围内运行的书面承诺，以及有效的文档化的电厂特定许可证基准（包括在许可证有效期内的所有修改和附加的承诺）。

注：许可证基准文档可能包括：

1. 最新版的安全分析报告。
2. 国家核安全部门对核电厂运行许可证申请的评价报告。
3. 运行许可证。
4. 监管部门和许可证申请者之间的函件，函件包括许可证获取需求，或者核电厂的设计或运行中的承诺，或者标准核电厂设计。

许可证条件 licence conditions

国家核安全部门根据有关法规批准颁发的安全许可证件中所规定的许可活动及其必须遵守的条件。

蓄水层 water storage layer

能产生足够水量的渗透性的岩石、砂或砾石的多孔含水构造（层或地层）。

蓄水层（承压的）confined water storage layer

上覆和下卧有不透水或基本不透水构造的蓄水层。

旋转屏蔽塞（旋塞）rotating shield plug

安装在钠冷快堆堆容器顶部、具有足够屏蔽厚度、安装有控制棒驱动机构及堆内换料机，且可实现动、静密封的可旋转屏蔽顶盖。

选址假想事故 postulated siting accident

仅适用于场址选择阶段，用于评价场址选择的适当性，并作为确定场址非居住区、规划限制区边界主要技术依据的选定事故。

Y

压力边界 pressure boundary

设计用于包容流体，并防止或限制其泄漏的封闭系统、部件或构筑物的那些部分。

压力管（重水堆）pressure tubes

重水堆堆芯里水平布置的装载燃料棒束和冷却剂的承压管道。

压力管式（反应）堆 pressure tube reactor（PTR）

见"反应堆"。

压力抑制系统 pressure suppression system

在反应堆发生向安全壳内释放蒸汽和（或）水的事故时为抑制安全壳内压力的升高而设置的系统。

注：通常采用蒸汽冷凝的方法。

压水（反应）堆 pressurized-water reactor（PWR）

见"反应堆"。

（水的）压缩系数（water）compressed coefficient

在一给定温度下，每单位压力增量所对应的水体积减少量。

烟羽应急计划区 plume emergency planning zone

见"应急计划区"。

（安保）延迟（security）delay

延长或推迟风险事件发生进程的措施。

研究堆　research reactor

核动力厂以外的研究堆、实验堆、临界装置以及由外源驱动带功率运行的次临界系统等核设施或装置的统称，包括反应堆堆芯、辐照孔道、考验回路等实验装置，以及为支持其运行、保证安全和辐射防护的目的所设置的所有系统和构筑物，还包括燃料贮存、放射性废物贮存、放射性热室、实物保护系统等反应堆场址内与反应堆或实验装置有关的一切其他设施。

Ⅰ类研究堆：功率、剩余反应性和裂变产物总量都较高的研究堆，热功率范围 10～300MW。这类研究堆一般在强迫循环下运行，通常必须设置高度可靠的停堆系统，需要设置应急冷却系统以保证堆芯余热的有效排出；对反应堆厂房或者其他包容结构需要有特殊的密封要求。

Ⅱ类研究堆：功率、剩余反应性和裂变产物总量属于中等的研究堆，热功率范围 500kW～10MW。这类研究堆可采用自然对流冷却方式或强迫循环冷却方式排出热量；反应堆需要设置可靠的停堆系统，停堆后必须保证堆芯在要求的时间内得到冷却，对反应堆厂房无特殊密封性要求。

Ⅲ类研究堆：功率低、剩余反应性小、停堆余热极少、裂变产物总量有限的研究堆，其热功率小于 500kW，如果具有较高的固有安全特性，热功率范围可扩展至 1MW。这类研究堆通常无特殊的冷却要求，或通过冷却剂自然对流冷却即可排出热量；利用负反馈效应或简单的停堆手段即可使反应堆停堆并保持安全状态；对反应堆厂房无密封要求。

严酷环境　harsh environment

由反应堆冷却剂丧失、主蒸汽管道破裂和其他高能管道破裂导致的环境。

严重事故 severe accidents

见"核动力厂状态"。

验收准则 acceptance criteria

对评价构筑物、系统和部件执行其设计功能的能力所用的功能性的或状态性指标而规定的边界值。

验证与确认 verification and validation

验证是评价系统或部件，以确定软件开发周期中的一个给定阶段的产品是否满足在各阶段的开始确立的需求的过程。

确认是在开发过程期间或结束时对系统或部件进行评价，通过检查和提供客观证据，以确定它是否满足特定预期用途的需求的过程。

验证与确认是确定系统或部件的需求是否完成和正确，每一开发阶段的产品是否实现在上一阶段规定的需求或条件，以及最后的系统或部件是否依从规定的需求的过程。

样本设备 sample equipment

被试验的产品设备，用以获得其技术规格书范围内的有效数据。

要害区 vital area

见"保卫区域"。

要求反应谱 required response spectrum（RRS）

由用户或其委托人在鉴定技术要求文件中规定的反应谱，或人工生成能够覆盖将来应用的反应谱。

液化（砂土）liquefaction（sand）

饱和的砂土、粉土，由于振动地面运动而突然失去抗剪强度和刚度。

液态金属冷却（反应）堆 liquid metal cooled reactor

见"反应堆"。

液态金属密封（钠冷快堆）liquid metal seal

用低熔点金属或其合金作密封介质，实现旋塞动密封和静密封的一种浸渍密封方式。

一次屏蔽（体）primary shield

见"辐射屏蔽"。

一回路系统（压水堆）primary circuit system

由反应堆压力容器及其顶盖部件、蒸汽发生器的反应堆冷却剂侧、反应堆冷却剂泵及其第一级轴密封、主管道和波动管、稳压器及其安全阀、控制棒驱动机构的耐压壳、与主环路相连接并属于该环路的辅助系统，直至并包括第二道隔离阀在内的所有设备和部件构成的系统。

释：primary system，也等效于反应堆冷却剂系统。

一体化（反应）堆 integral reactor

见"反应堆"。

已避免剂量 averted dose

由于采取防护行动而避免的剂量。

已开发模块 developed mode

可用于硬件描述语言的已开发功能模块，包括库、宏或知识产权核。在开发硬件编程设备之前，可能需要对已开发模块进行大量的工作。

已开发物项 developed item

已存在的可用于仪控系统的商用或专用产品。已开发物项包括硬件设备、已开发软件、包含硬件和软件的数字化装置或通过硬件描述语言或已开发模块配置的硬件设备等。

以可靠性为中心的维修 reliability centred maintenance（RCM）

按可靠性工程原理组织维修的一种科学管理策略。即按最少维修资源消耗保持产品固有可靠性和安全性进行预防性维修的原理逻辑或系统性方法。

役前检查 pre-service inspections

见"在役检查"。

意外临界 unintentional criticality

反应堆非预期或者非计划地从次临界状态达到临界状态。

隐蔽 sheltering

见"应急防护措施"。

应急 emergency

需要立即采取某些超出正常工作程序的行动以避免事故发生或减轻事故后果的状态。有时又称紧急状态。

核事故应急 nuclear accident emergency: 为了控制或者缓解核事故、减轻核事故后果而采取的不同于正常秩序和正常工作程序的紧急行动。

应急柴油发电机（应急柴油发电机组）emergency diesel generator

见"柴油发电机组"。

应急程序 emergency procedures

详细描述应急工作人员在应急期间采取行动的一系列指令的文件。

应急待命 standby，alert

见"核事故应急状态"。

应急堆芯冷却系统 emergency core cooling system（ECCS）

正常堆芯冷却失效（例如冷却剂丧失事故）后，为确保余热从堆芯排除而设置的系统。

应急防护措施 emergency protective measure

在核事故情况下用于控制工作人员和公众所接受的剂量而采取的保护措施。

隐蔽 sheltering: 为了防止或减少受到气载烟云的内、外照射而使人员留在室内（关闭通风系统和门窗）。

撤离 evacuation: 为了避免或降低通常来自烟云或高水平的放射性沉积物的照射，而把人员暂时从某一区域内紧急撤离出来。

释: 将人们从受影响区域紧急转移，以避免或减少来自烟羽或高水平放射性沉积物质产生的高照射剂量，该措施为短期措施，预期人们在预计的某一有限时间内可返回原地区。

避迁 relocation: 为了避免受到慢性照射而把一部分居民从污染地区撤离出来，他们返回该地区的日期是不好预料的。

释: 将人们从污染地区迁出，以避免或减少地面沉积外照射的长期累积剂量，其返回原地区的时间或为几个月到 1~2 年，或难以预计而不予考虑。

应急工作人员 emergency personnel

在应急响应情况下作为工作人员负有特定职责的人。

注: 1. 应急工作人员可以包括直接或间接由注册者、许可证持有者雇用的工作人员，也可以包括诸如警务人员、消防人员、医务人

员、撤离用车的司乘人员等响应组织的人员。

2. 应急工作人员可以是应急前被指定的，也可以是未被指定的。

应急计划距离　emergency planning distance

扩展计划距离以及食入和商品计划距离。

释：此术语为国外使用的一组概念。

扩展计划距离　extended planning distance（EPD）：设施周围的区域，在该区域内作出的应急安排是在宣布总体应急后进行监测，并识别在一次重大放射性释放后的一段时间内有必要采取场外应急响应行动的区域，从而有效减少公众成员中发生随机性效应的危险。

注：1. 扩展计划距离内的区域用于计划目的，可能不是进行监测以确定需要采取早期防护行动（如搬迁）的实际区域。

2. 虽然需要在准备阶段作出努力，为在这一地区内采取有效的早期防护行动做好准备，但实际区域的确定将取决于应急当时的条件。

3. 作为一项预防措施，在扩展计划距离内可能需要采取一些紧急行动，以减少公众成员中发生随机性效应的危险。

食入和商品计划距离　ingestion and commodities planning distance（ICPD）：设施周围的区域，在该区域内作出的应急安排是：宣布总体应急后，采取有效的应急响应行动，以降低公众成员中发生随机性效应的危险的概率或可能性，缓解分发、销售和消费由大量放射性释放而污染的食物、牛奶和饮用水以及使用食物以外的商品所造成的非放射性后果。

注：1. 食入和商品计划距离内的区域用于计划目的，以便为应急响应行动做好准备，监测和控制国内使用或国际贸易的商品，包括食品。

2. 实际面积将根据应急当时的条件加以确定。

3. 作为预防措施，可能需要在食入和商品计划距离内采取一些紧急防护行动，以防止食入食品、牛奶或饮用水，并防止使用在一次重大放射性释放后可能受到污染的商品。

应急计划区 emergency planning zone

为在核设施发生事故时能及时有效地采取保护公众的防护行动，事先在核设施周围建立的、制定了应急预案并做好应急准备的区域。

释：一般分为烟羽应急计划区和食入应急计划区。国际上也有分为预防行动区和紧急防护行动计划区。

烟羽应急计划区 plume emergency planning zone：针对烟羽照射途径（烟羽浸没外照射、吸入内照射和地面沉积外照射）建立的应急计划区。

食入应急计划区 ingestion emergency planning zone：针对食入照射途径（污染的水和食物的食入内照射）建立的应急计划区。

预防行动区 precautionary action zone：设施周围的一个区域，在该区域已作出应急安排，一旦发生核或辐射应急即采取紧急防护行动，以避免或减少厂外发生严重确定效应的危险。应当在放射性物质释放或照射发生之前或之后不久，立即根据设施当时的状况在该区域内采取防护行动。

紧急防护行动计划区 urgent protective action planning zone：设施周围的一个区域，在该区域已作出安排，一旦发生核或辐射应急，按照国际安全标准采取紧急防护行动，避免场外的剂量。应当根据环境监测结果或酌情根据设施当时的状况，在该区域内采取防护行动。

应急监测 emergency monitoring

在应急情况下，为及时查明环境中放射性污染情况和辐射水平并为应急决策提供支持而进行的监测。

早期阶段监测 early phase monitoring：预计放射性物质即将释放或者放射性物质已经开始释放至不再释放阶段所进行的场外辐射环境监测活动，该阶段可分为释放前和开始释放两种情况。

中期阶段监测 intermediate phase monitoring：放射性物质释放已经停止至大部分放射性物质已经沉降，完成或者正在实施避免居民额外照射的防护行为阶段所进行的场外辐射环境监测活动。

后期阶段监测 late phase monitoring：事故后恢复阶段的场外辐射

环境监测活动。

应急监测方案　emergency monitoring plan

在应急情况下，针对可能引起人员受照或放射性物质外泄超过限值的情况制定的监测计划。

应急设施　emergency facility

用于应急响应目的的设施。依据积极兼容的原则按照有关法规要求设置的用于核应急响应目的的场所及其中的应急响应系统和设备。

应急响应　emergency response

为控制或减轻核事故或辐射应急状态的后果而采取的紧急行动。

应急响应阶段　emergency response phase

从发现有必要采取应急响应的情况直至完成所有为预测或应对应急最初数月内可能出现的辐射状况而采取的应急响应行动的这段时期。

> 注：应急响应阶段通常在情况得到控制时结束，场外的辐射状况已得到充分表征，从而可以妥善地确定是否需要和在何处进行食品限制和临时避迁，并且所有必要的食品限制和临时避迁均已付诸实施。

应急行动水平　emergency action levels

用来建立、识别和确定应急等级和开始执行相应的应急措施的预先确定和可以观测的参数或判据。

> 注：它们可能是仪表读数、设备状态指示、可测参数（场内或场外）、独立的可观察的事件、分析结果、特定应急运行程序的入口或导致进入特定的应急状态等级的其他现象（如发生的话）。

应急演习 emergency exercise

为检验应急预案的有效性、应急准备的完善性、应急能力的适应性和应急人员的协同性所进行的一种模拟应急响应的实践活动。

根据其涉及的内容和范围不同，可以分为单项演习（练习）、综合演习和联合演习等。

单项演习（练习）drill: 为保持或评价应急响应人员执行某一特定应急响应功能的技能与能力而进行的有组织的训练或操作。

综合演习 comprehensive exercise: 场内、场外应急组织为提高应急能力、检查应急预案和程序的有效性，以及加强各应急组织之间的协调配合，组织负有应急任务的全部或主要单位进行的演习。

联合演习 joint exercise: 场内、场外应急组织，为提高应急响应能力，特别是协调配合能力，按统一的演习情景，组织所属应急组织的全部或主要单位联合进行的演习。

应急预案 emergency plan

经过审批的，描述应急响应能力、组织、设施和设备以及和外部应急机构的协调和相互支持关系的文件。该文件还必须有专门实施程序加以补充。

应急照射 emergency exposure

异常照射的一种，指在发生事故之时或之后，为了抢救遇险人员、防止事态扩大，或其他应急情况而有计划地接受的过量照射。

应急指挥中心 emergency command center（ECC）

核动力厂营运单位应急响应的指挥、管理和协调中枢，是核事故应急期间应急指挥部和国家有关部门代表的工作场所。

释：又称应急控制中心或应急响应中心。应急指挥中心是核动力厂最重要的应急设施之一。也称 EM 楼。

应急准备　emergency preparedness

为应付核事故或辐射应急而进行的准备工作，包括制定应急预案，建立应急组织，准备必要的应急设施、设备与物资，以及进行人员培训与演习等。

应急准备阶段　emergency preparedness stage

在核或辐射事故发生之前，为有效的应急响应而作出应急安排的阶段。

硬件描述语言　hardware description language（HDL）

为形成文档、仿真或综合，用来正式描述电子部件的功能和（或）结构的语言。

硬件描述语言可编程器件　hardware description language programmable device

使用硬件描述语言及相关软件工具配置的集成电路器件（对核动力厂 I&C 系统）。

泳池（反应）堆　swimming pool reactor

见"反应堆"。

用于设计扩展工况的安全设施　safety features for design extension conditions

在设计扩展工况中执行某种安全功能或具有某种安全功能的物项。

优先电源　preferred power supply（PPS）

在事故和事故后工况下，从输电系统优先给安全级电力系统供电的电源。

有效波高 effective wave height

在测波的记录里，占波总数 1/3 的较高波高的平均值。

有效剂量（E）effective dose

人体各组织或器官的当量剂量乘以相应的组织权重因数后的和。

有影响事件 impact event

作用于核电厂时，对核电厂人员和安全重要物项的安全产生不利影响的一个事件或事件序列。

余热 residual heat

放射性衰变和停堆后裂变所产生的热量以及积存在反应堆结构材料中和传热介质中的热量之总和。

余热排出系统（压水堆）residual heat removal system

在反应堆停堆并在反应堆冷却剂系统的温度和压力达到一定值后用于排出反应堆冷却剂系统中的余热，达到并长期保持反应堆在冷停堆状态的系统。

预定功能 reservation function

构筑物和设备具有的某些特定功能，当核动力厂处于运行状态或事故工况时，构筑物、系统和设备执行这些功能以满足核安全的特定要求。

预防行动区 precautionary action zone

见"应急计划区"。

预防性维修　preventive maintenance

见"维修"。

预计运行事件　anticipated operational occurrences（AOO）

在核动力厂运行寿期内预计至少发生一次的偏离正常运行的各种运行过程；由于设计中已采取相应措施，此类事件不至于引起安全重要物项的严重损坏或者事故工况。

预见性维修　predictive maintenance

见"维修"。

预期剂量　projected dose

在没有采取任何计划的防护行动的情况下预期将会受到的剂量。

源　source

1. 任何可以例如通过发出电离辐射或通过释放放射性物质引起辐射照射而且为防护和安全目的可以看作一个实体的物项。
2. 用作辐射源的放射性物质。

原动机　prime mover

可由驱动装置驱动，将能量转化为动力的部件（如发动机、电磁操作器或气动操作器）。

原位试验　in-situ test

传感器或部件在没有离开系统的安装位置所进行的性能试验。

源项　source term

从设施释放（或假定释放）的放射性物质的数量和组分。用于模拟放射性核素向环境的释放或者处置库中放射性废物的释放。

原型（反应）堆 prototype reactor

见"反应堆"。

约束系统 confinement system

由设计者规定并经有关政府部门同意的用于保持临界安全的易裂变材料和包装部件的组合。

约束值 constraint

一个预测的、与源相关的个人剂量值或个人危险值，在计划照射情况下用作该源防护和安全最优化的参数，并作为定义最优化选择范围的边界。

允许配置时间 allowed configuration time（ACT）

使用风险监测器对特定的核动力厂配置状态计算得到的允许配置持续时间，即为允许配置时间。比较配置状态的 ICDP/ILERP 累积到对应风险阈值的时间，选取其中较小的作为允许配置时间。

（核动力厂）运行（NPP）operation

为实现核动力厂的建厂目的而进行的全部活动，包括维护、换料、在役检查及其他有关活动。

功率运行 at power: 具有以下特征的电厂运行状态：反应堆处于临界且产生功率，关键安全系统的自动触发没有闭锁，而且重要的支持系统处于正常的运行配置状态。

正常停堆 normal shutdown: 使用正常操作系统的停堆和冷却。

冷停堆 cold shutdown: 反应堆维持在远低于运行温度之下的停堆状态。

维修冷停堆 maintenance cold shutdown: 反应堆处于次临界状态，反应堆冷却剂系统的平均温度低于允许进行主要维护和检修所要求的温度。

换料冷停堆 refueling shutdown: 为了换料，反应堆冷却剂系统处于卸压状态的冷停堆。

卸料 discharge： 将燃料组件从反应堆内取出的操作过程。

运行安全地震动（SL-1）operational safety ground motion

见"设计基准地震动"。

运行概念 concept of operations

运行概念描述预想设计方案将如何执行设计功能，包括各种人员角色以及如何组织、管理和支持他们。运行概念描述核动力厂的运行方式（运行原理），包括运行人员的数量和组成以及正常和异常工况下运行人员如何操作核动力厂等方面。

运行基准地震 operating basis earthquake（OBE）

结合地区和当地的地质和地震情况以及当地地层材料的具体特性，在电厂正常运行寿期内可合理预期在厂址会发生的地震。

注：对于该地震产生的地震动，那些需继续运行而不对公众的健康与安全产生过度风险的核动力厂设施可以保持其功能。

运行记录 operating records

记载着核电厂运行情况的历史资料，如仪表记录纸、各种证书、运行日志、计算机打印输出和磁带等。

（核动力厂）运行模式（NPP）operational mode

核动力厂技术规格书中规定的反应堆压力容器内装有燃料时包含下列因素在内的任何一种组合：堆芯反应性状态、功率水平、反应堆冷却剂平均温度和压力等。

释：核动力厂运行模式一般包括反应堆功率运行、蒸汽发生器冷却正常停堆、余热排出系统冷却正常停堆、维修冷停堆、换料冷停堆、反应堆完全卸料等模式。

运行寿期，运行寿命 operating lifetime，operating life

经授权的设施直至退役或关闭之前被用于预期目的的时间。

运行限值和条件 operational limits and conditions

经国家核安全局批准的，为核动力厂的安全运行列举的参数限值、设备的功能和性能及人员执行任务的水平等一整套规定。

运行值模拟机培训 simulator training of operating shift

以运行值所有操纵人员作为一个整体参加的在所在核动力厂模拟机上进行的实地培训项目。

（核动力厂）运行状态（NPP）operational states

见"核动力厂状态"。

运行状态年 operating state year

假设一个反应堆一整年持续处于一个电厂运行状态。

Z

再生区，增殖区 breeding region

增殖堆中放置可转换材料的区域。

再循环地坑（压水堆）recirculation sump

失水事故后，收集安全壳内的反应堆冷却剂和化学喷淋液作为安全壳喷淋或应急堆芯冷却长期再循环水源的地坑。

再循环阶段（压水堆）recirculation phase

对安全壳喷淋系统而言，是指从安全壳再循环地坑取水，再喷入安全壳空间的运行阶段；对应急堆芯冷却系统而言，是指系统从再循环地坑取水并重新注入反应堆的运行阶段。

再淹没阶段（压水堆）reflooding phase

失水事故后，从补水开始进入堆芯一直到堆芯淹没为止的阶段。

在役检查 in-service inspection

在核设施投入运行前和运行寿期内，为确保设备的结构和承压边界的完整性所进行的一系列检验和试验。

注：在役检查的目的是检查核设施系统和部件，特别是反应堆冷却剂系统的关键部件，找出结构可能产生的损伤，以便判断这些设备的安全状态，确认是否应采取补救措施，是保证核设施安全运行所必须采取的措施。

役前检查 pre-service inspections: 在核设施投入运行前，对所有需在运行阶段实施在役检查的设备实施的全面检查和试验活动，是在役检查的一部分，为在役检查设置零点。

早期放射性释放 early release of radioactive material

必要的场外防护行动在预期时间内不可能全面有效执行的放射性释放。

早期阶段监测 early phase monitoring

见"应急监测"。

早期失效期 infant mortalitty period

从某一指定时间开始发生早期失效的一段时间。

注：在此期间，某物项的失效率随时间迅速下降。

增殖 breeding

转换比大于 1 时的转换。

增殖比 breeding ratio

大于 1 的转换比。

增殖（反应）堆 breeder reactor

见"反应堆"。

增殖系数（k） multiplication factor

在某一时间间隔内所产生的中子总数（不包括由某些活度与裂变率无关的中子源所产生的中子）与在同一时间间隔内由吸收和泄漏所损失的中子总数的比值。

增殖元件 breeder element

增殖堆中以可转换材料为主要成分的结构上独立的最小的构件。

增殖组件 breeder assembly

组装在一起并且在反应堆装料和卸料过程中不拆开的一组增殖元件。

栅元 cell

反应堆各栅格中具有相同材料组成和几何形状的单元。

展平区半径 flattened radius

圆柱形堆芯内中子通量密度展平区域的半径。

照射途径 exposure pathway

辐射或放射性核素能够到达人体并产生照射的途径。

注：照射途径可能非常简单，例如气载放射性核素所致的外照射途径，或更为复杂的链，例如，饮用了食入沉积有放射性核素污染的牧草的母牛生产的牛奶所致的内照射途径。

震级 magnitude

由仪器记录推导表征的一次地震释放的总能量的特征的一个数量。

震级档 magnitude interval

地震危险性概率分析中的震级分档间隔。

注：一般取 0.5 级。

震级上限 upper limit magnitude

地震危险性概率分析中，地震带或潜在震源区内可能发生的最大地震的震级极限值。

震级下限 lower limit magnitude

地震危险性概率分析中，影响工程场地地震危险性的最小地震震级。

震源 seismic source

潜在震源区和能动构造的统称。

注：潜在震源区是地球的一部分，具有统一的地震潜能（同样的预期最大地震和复发频率），地震活动有别于周边的地区。能动构造既可以产生地表振荡运动，又可以产生地表变形，如达到或接近地表的断裂或褶皱。在概率地震危险性分析（PSHA）中，需要考虑所有厂址区域内对地面运行概率有潜在影响的震源。

蒸汽发生器 steam generator

采用间接循环的反应堆动力装置，把反应堆冷却剂从堆芯获得的热能传给后续回路工质，使其变为蒸汽的热交换设备。

蒸汽发生器传热管破裂事故 steam generator tube rupture accident

由于蒸汽发生器内传热管破裂，使冷却剂从蒸汽发生器一次侧泄漏到二次侧的事故。

整体沸腾 bulk boiling

冷却剂通道截面上的平均温度达到饱和温度时的沸腾。

整体效应实验 integral effects test

与分离效应实验相对应，将主要关注点放在整个系统行为以及参数和过程间的相互作用上的实验。

正常冷停堆 normal cold shutdown

反应堆处于次临界状态，余热排出系统投入，反应堆冷却剂系统的压力和平均温度低于规定的冷停堆上限值。

正常停堆 normal shutdown

见"（核动力厂）运行"。

正常运行　normal operation

见"核动力厂状态"。

正常运行操作规程　normal operating procedures

核动力厂正常运行状态下，运行人员对核动力厂系统和设备进行正常操作时必须遵守的有效书面文件。

注：正常运行操作规程包括总体运行规程、系统运行规程、运行典型操作票、换料与大修运行规程、行政性隔离规程和定期试验规程。

（实践）正当化　(practice) justification

决定一个实践是否如国际放射防护委员会（ICRP）辐射防护体系所要求的那样总体上是有益的过程，即引进或继续该实践对个人和社会所带来的利益是否大于该实践所产生的危害（包括辐射损害在内）。

正弦拍波　sine beats

幅值受较低频率正弦波调制的某一频率的连续正弦波。

支持系统　support system

为一个或多个其他系统提供支持功能（如动力电源、控制电源或冷却）的系统。

知识产权核　intellectual property core

集成电路设计中，功能明确、接口规范、易于验证、便于重用、具有开发者自主知识产权的电路功能模块。

直接原因　direct cause

直接/立即导致事件发生的原因。

执行装置 execute features

由电气设备和机械设备及其连接件组成，在接到来自监测指令设施的信号后，执行与安全功能直接或间接有关的某一功能。

注：原动机的例子有汽轮机和电磁线圈。被驱动设备的例子有控制棒、泵和阀门。

职业照射 occupational exposure

除国家有关法规和标准所排除的照射以及根据国家有关法规和标准予以豁免的实践或源所产生的照射以外，工作人员在其工作过程中所受的所有照射。

指示生物 indicative biology

能够高度富集环境中放射性物质的生物。

质量保证 quality assurance

为使物项或服务与规定的质量要求相符合并提供足够的置信度所必需的一系列有计划的系统化的活动。

质量保证大纲 quality assurance program

为保证质量而规定的和要完成的全部工作综合在一起构成质量保证大纲。

注：这些工作包括两种基本类型——管理性的和技术性的。质量保证大纲也可称为质量保证体系或质量体系。

质量控制 quality control

按规定要求为控制和测量某一物项、工艺和装置的性能提供手段的所有质量保证活动。

制造商 manufacturer

代表承包商负责核岛某项设备或设备的一部分的工厂制造或现

场制造，或者提供某些服务的自然人和法人。

中间区段，时间常数区段 intermediate range，time constant range

介于源区段与功率区段之间且与它们部分重叠的反应堆功率范围。在此范围内，控制反应堆主要按反应堆周期而不是功率。

中期阶段监测 intermediate phase monitoring

见"应急监测"。

中子屏蔽体 neutron shield pads

为减少从堆芯到反应堆容器内壁局部区域的快中子和γ射线辐射而设置的屏蔽体。

中子寿命 neutron lifetime

在给定介质内中子从产生到由于吸收或泄漏而消失所经历时间的平均值。

中子吸收体（中子吸收剂）neutron absorber

与中子反应且不另外产生中子的材料或物项。

中子源组件 neutron source assembly

在反应堆堆芯中用于直接或经辐照后发射中子的组件。

终身剂量 lifetime dose

一个人一生中接受的总剂量。

注：1. 实际上，经常近似为所受到的年剂量之和。因为年剂量包括待积剂量，个人终身可能实际上并未受到一些年剂量的若干部分，因此这可能过高估计了实际的终身剂量。

2. 为了对终身剂量进行预期评定，通常认为寿命为70年。

重水（反应）堆 heavy-water reactor（HWR）

见"反应堆"。

重要度分析 importance analysis

为确定一个部件或一个割集对系统不可用性或系统的故障概率的贡献所作的分析。

重要人员任务 important human task

根据安全分析确定的、对安全有消极或积极影响的人员任务。

重要数字资产 important digital assets

由数字化计算机、通信系统以及网络组成或包含数字化计算机、通信系统及网络的关键系统的子组件。

注：重要数字资产包括：

1. 执行核安全、实物保护和应急响应功能的数字资产；

2. 可能对核安全、实物保护和应急响应功能，或执行相关功能的关键系统和（或）重要数字资产产生不利影响的数字资产；

3. 为关键系统和（或）重要数字资产遭受网络攻击提供路径的数字资产，通过该数字资产提供的路径可能导致核安全、实物保护和应急响应功能损害、降级；

4. 支持关键系统和（或）重要数字资产的数字资产；

5. 保护上述任何数字资产免受网络攻击的数字资产。

重要数字资产基础设施 important digital asset infrastructure

通常指核动力厂数字化控制系统（包括安全级的与非安全级的）以及棒控、多样化反应堆保护系统、实物保护、应急等整体系统。

注：对于在国内核动力厂普遍应用的安全级数字化控制系统和相关功能模块中的专用芯片、传感器、可编程序逻辑控制器、组态软件等都可以认为是重要数字资产的基础设施。

轴向峰因子 axial peaking factor

反应堆堆芯轴向高度平均功率与全堆芯平均功率之比。

轴向功率偏移 axial offset

堆芯上半部分功率与下半部分功率之差与堆芯实际功率的比值。

主氦（循环）风机（高温气冷堆）helium circulator

用于驱动冷却剂氦气在一回路进行循环，以导出堆芯热量到蒸汽发生器或中间热交换器的能动部件。

主监查员 chief auditor

取得资格并被任命组织和指挥监查的人员。

主控制室应急可居留系统 main control room emergency habitability system

主要用于核动力厂厂区出现高的放射性剂量等情况下，维持主控制室人员较长时间工作所必需的生活条件和工作环境的系统。

注：这种情况说明可能已发生放射性物质从安全壳释放到环境的严重事故。

主蒸汽管道破裂事故 main steam line break accident

主蒸汽管道破裂造成大量蒸汽外喷的事故。

主蒸汽系统 main steam system

用于将蒸汽由蒸汽发生器输送到其他设备的系统，包括蒸汽发生器二次侧、主蒸汽管道、主蒸汽大气释放阀、主蒸汽安全阀和主蒸汽隔离阀等。

（放射性废物）贮存（radioactive waste）storage

见"放射性废物管理"。

贮存室 storage

见"乏燃料贮存设施"。

贮罐，贮存容器 storage tank，storage container

见"乏燃料贮存设施"。

专设安全设施 engineered safety feature

为限制或缓解事故后果而专门设置的安全系统。

注：包括安全壳隔离系统、应急堆芯冷却系统、安全壳喷淋系统和安全壳氢控制系统等。

转换比 conversion ratio

通过转换所产生的易裂变核数与消失的易裂变核数之比。

转换区 blanket

为转换目的而在堆芯周围或内部放置可转换材料的区域。

装料 fuel loading

将核燃料装入反应堆的操作过程。

装运 shipment

托运货物从启运地至目的地的特定运输。

状态指标 condition indicator

构筑物、系统或部件所具有的可被观察、测量或显示趋势的特征，可用于推断或直接表明该构筑物、系统或部件当前和未来在合格标准范围内运行的能力。

子通道分析　subchannel analysis

在反应堆热工水力计算中，假想地将燃料通道划分成若干通道，对每条子通道分别列出质量、动量和能量平衡方程式，并在某种程度上考虑各子通道间相互作用的一种分析方法。

自动隔离阀　automatic isolation valve

收到保护系统发出的隔离信号后不由人员操作而自动关闭的阀门。

自给能中子探测器　self-powered neutron detector（SPND）

无需外加电源，通过其发射体（灵敏材料）与中子的作用，将入射辐射转化为电信号的探测器。

自然老化　natural ageing

在正常运行的环境条件下，部件或设备的物理、化学或电气特性随时间的变化，这种变化可能导致其重要的功能特性劣化。

自上而下　top-down

与安全分析相关的一种逐步确定方法，其逐步确定过程涉及的内容如下：

1. 分析的准确目标（监管活动、许可证活动和期望成果等）；
2. 分析范围（台架或核动力厂、瞬态、分析程序、台架几何尺寸和运行边界条件等）；
3. 所有可能的对台架或核动力厂行为有影响的现象或过程；
4. 现象识别与排序过程；
5. 分析工具的应用能力和比例分析能力；
6. 引入分析中的各种不确定性对最终产品的影响。

自上而下分析方法的一个主要特征是，当处理与第 5 和 6 条相关的安全分析时，采用一种基于第 4 条所确定的相对重要度的分级处理方法。第 1 到 4 条的分析工具是相互独立的，而第 5 和 6 条在选择分析工具时却是相关的。

自下而上 bottom-up

一种与安全分析相关的方法，与"自上而下"类似，但其主要特征是处理所有的现象和过程，包括与建模分析工具相关的现象和过程。

自由场地面运动（自由场地震动）free field ground motion

在没有结构和设施影响时，由地震引起的、在地面某一给定地点发生的运动。

自振频率 natural frequency

物体在特定的方向上受到变形然后释放时，由于其自身的物理特性（质量和刚度）使物体发生振动的频率。

综合演习 comprehensive exercise

见"应急演习"。

纵深防御 defence in depth

通过设定一系列递进并且独立的防护、缓解措施或者实物屏障，防止核事故发生，减轻核事故后果。

组件 module

构成一个单独的装置、仪表或设备的互相连接的部件组合，一个组件能作为一个单元断开、拆卸和使用备件更换，它有固定的功能特性，可作为一个单元被试验。

注:只要符合此定义,一个组件可以是一台大型装置的一块印制板、一个可抽出的断路器或其他子组件。

阻流塞组件　thimble plug assembly

在不插控制棒、可燃毒物和中子源的燃料组件内，为限制导向管旁流而设置的组件。

阻尼　damping

一种在共振区域中减少放大量和拓宽振动反应的能量耗散机理。

注：阻尼通常以临界阻尼的百分数来表示。临界阻尼定义为单自由度系统在初始振动后未经振荡回复到其原来位置的最小黏性阻尼值。

最初转换比　initial conversion ratio

反应堆燃料元件还没有明显燃耗时的瞬时转换比。

最低可探测活度　minimum detectable activity（MDA）

样品中存在的将产生一定置信度探测到计数率（即被认为高于本底）的放射性。

注：1. "一定置信度"通常设为 95%，即一个正好含有最低可探测活度的样品，由于随机涨落，将在 5%的时间里被认为无放射性。
2. 最低可探测活度有时被称为探测限值或探测下限。
3. 含有最低可探测活度的样品产生的计数率称为测定水平。

最佳比燃耗　optimum specific burnup

从燃料循环的经济性观点出发，燃料成本最低的卸料比燃耗。

最小临界体积　minimum critical volume

一个倍增系统，当其组配（材料组成、几何布置、慢化程度、反射介质）在一定范围内作任意变化时能达到临界的含给定易裂变材料的区的最小体积。

最小临界质量 minimum critical mass

一个倍增系统，当其组配（材料组成、几何布置、慢化程度、反射介质）在一定范围内作任意变化时能达到临界的给定易裂变材料的最小质量。

最小无限平板临界厚度 minimum critical infinite slab dimension

一个无限板状倍增系统，当其组配（材料组成、几何布置、慢化程度、反射介质）在一定范围内作任意变化时能达到临界的含给定易裂变材料的区的最小厚度。

最小无限圆柱临界直径 minimum critical infinite cylinder diameter

一个无限圆柱状倍增系统，当其组配（材料组成、几何布置、慢化程度、反射介质）在一定范围内作任意变化时能达到临界的含给定易裂变材料的区的最小直径。

最终热传输系统 ultimate heat transport system

在停堆后把余热传输到最终热阱所需的系统和部件。

最终热阱 ultimate heat sink

接受核动力厂所排出余热的大气或水体，或两者的组合。

缩略语

Abbreviations

A

ABWR	advanced boiling-water reactor	先进沸水堆
AC	alternating current	交流电
ACC	accumulator tank	安注箱
ACT	allowed configuration time	允许配置时间
ADE	annual dose equivalent	年剂量当量
AFI	area for improvement	待改进项
ALE	annual limit on exposure	年照射量限值
ALI	annual limit on intake	年度摄入量限值
ALARA	as low as reasonably achievable	合理可行尽量低（可合理达到的尽量低）
AMP	ageing management program	老化管理大纲
AMR	analysis model report	分析模型报告
ANS	American National Standards	美国国家标准
AO	abnormal occurrence	（重要）异常事件
AOO	anticipated operational occurrence	预计运行事件
AOT	allowed outage time	允许停役时间
AOV	air operated valve	气动阀
AP1000	advanced passive 1000 megawatt (westinghouse pressurized-water reactor)	先进非能动 1000 兆瓦压水堆
API	application programming interface	应用程序接口
APSR	axial power shaping rod	轴向功率定形棒
APWR	advanced pressurized-water reactor	先进压水堆
AR	advanced reactor	先进反应堆
ASCR	advanced sodium cooled reactor	先进钠冷反应堆
ASEP	accident sequence evaluation procedure	事故序列评价程序
ASGR	advanced sodium graphite reactor	先进钠冷石墨堆
ASME	American Society of Mechanical Engineers	美国机械工程师学会
ASP	accident sequence precursor	先兆事件
ATWS	anticipated transient without scram	未能紧急停堆的预期瞬态

B

BDBA	beyond design basis accident	超设计基准事故
BDC	base design criteria	设计基准
BMP	best management practice	最佳管理实践
BOP	balance of plant	电厂配套设施
BPR	burnable poison rod	可燃毒物棒
BPRA	burnable poison rod assembly	可燃毒物组件

Bq	becquerel	贝克勒尔、贝可
BR	breeder reactor	增殖堆
BUC	burnup credit	燃耗信用
BWR	boiling-water reactor	沸水堆

C

CAD	computer-aided design	计算机辅助设计
CANDU	Canadian deuterium-uranium reactor	加拿大重水反应堆，坎杜型反应堆
CAP	corrective action program	纠正行动计划
CCCG	co-cause component groups	共因部件组
CCDP	conditional core damage probability	条件堆芯损坏概率
CCF	common cause failure	共因失效（共因故障）
CCI	common cause incident	共因事件
CDA	critical digital asset	关键数字资产
CDE	committed dose equivalent	待积剂量当量
CDF	core damage frequency	堆芯损坏频率
CDFM	conservative deterministic failure margin	确定性失效裕度方法
CDFR	commercial demonstration fast reactor	商用示范快堆
CDP	core damage probability	堆芯损坏概率
CE	construction event	建造事件
CEDE	committed effective dose equivalent	待积有效剂量当量
CFD	computational fluid dynamics	计算流体动力学
CFR	commercial fast（breeder）reactor	商用增殖快堆
CGR	CO_2 graphite reactor	二氧化碳冷却石墨慢化反应堆
CHF	critical heat flux	临界热流密度
CI	confidence interval	置信区间
CM	core melt	堆芯熔化
CMF	common mode failure	共模故障
CMT	core makeup tank	堆芯补水箱
CNSG	consolidated nuclear steam-generator	一体化核供汽装置
COL	combined license（combined construction and operating license）	联合许可证（建造运行联合许可证）
COP	containment overpressure	安全壳超压
CP	construction permit	建造许可证
CP-ECR	Cathcart-Pawel equivalent cladding reacted	Cathcart-Pawel 等效包层反应
cpm	counts per minute	每分钟计数
CPR	commercial power reactor	商用动力堆
CPV	conditional probability value	条件概率值
CR	control room	控制室
CRDM	control rod drive mechanism	控制棒驱动机构
CRM	configuration risk management	配置风险管理
CSI	criticality safety index	临界安全指数
CSR	cyclic stress ratio	循环应力比

D

D&D	decontamination and decommissioning	去污和退役
DAC	derived air concentration	导出空气浓度
DBA	design-basis accident	设计基准事故
DBE	design-basis earthquake	设计基准地震动
DBF	design-basis fire	设计基准火灾
DBFL	design-basis flood	设计基准洪水
DBT	design-basis threat	设计基准威胁
DBW	design-basis wind	设计基准风
DC	design certification	设计认证
DC	direct current	直流电
DC	dose coefficient	剂量系数
DCF	dose conversion factor	剂量转化因子
DCS	distributed control system	分布式控制系统
DCSS	dry cask storage system	干法贮存系统
DDE	deep dose equivalent	深度剂量当量
DDE	double design earthquake	双倍设计基准地震动
DDREF	dose and dose rate effectiveness factor	剂量和剂量率效能因数
DE	design earthquake	设计地震
DEC	design extension conditions	设计扩展工况
DEC-A	design extension conditions-A	没有造成堆芯明显损伤的工况
DEC-B	design extension conditions-B	堆芯熔化（严重事故）工况
DF	decontamination factor	去污因子
DFWCS	digital feedwater control system	数字化给水控制系统
DHR	decay heat removal	衰变热排出
DI&C	digital instrumentation and control	数字化仪表和控制
DID	defense-in-depth	纵深防御
DIP	damage indicating parameter	损坏指示参数
DLF	dynamic load factor	动态负载系数
DNB	departure from nucleate boiling	偏离泡核沸腾
DNBR	DNB ratio	偏离泡核沸腾比
DP	decommissioning plan	退役计划
DPR	demonstration power reactor	示范动力堆
DQO	data quality objectives	数据质量目标
DREF	dose rate effectiveness factor	剂量率效能因数
DSHA	deterministic seismic hazard assessment	确定性地震危险性评价
DUF_6	depleted uranium hexafluoride	贫化六氟化铀

E

EA	environmental analysis	环境分析
EA	environmental assessment	环境评价
EAL	emergency action levels	应急行动水平
EAR	event analysis report	事件分析报告
EBR	experimental breeder reactor	实验性增殖反应堆

EBS	engineered barrier system	工程屏障系统
EC	emergency classification	应急分级
ECC	emergency command center	应急指挥中心
ECCS	emergency core cooling system	应急堆芯冷却系统
ECI	external communications interface	外部通讯接口
ECR	equivalent cladding reacted	等效包壳反应
ECRO	Eastern Regional Office of Nuclear and Radiation Safety Inspection，Ministry of Ecology and Environment	生态环境部华东核与辐射安全监督站
EDG	emergency diesel generator	应急柴油发电机
EGCR	experimental gas-cooled reactor	实验性气冷堆
EGOE	expert group on occupational exposure	职业照射专家组
EHS（HSE）	environment，health，and safety	环境、健康和安全
EIT	electronic and information technology	电子和信息技术
ENR	event notification report	事件通告
ENTOMB	entombment（of a shutdown reactor）	（停闭反应堆）填埋
EOP	emergency operating procedure	应急运行规程
EP	emergency preparedness	应急准备
EP	emergency plan	应急预案
EPD	extended planning distance	扩展计划距离
EPIX	equipment performance and information exchange system	设备性能与信息交换系统
EPU	extended power uprates	扩展功率提升
EPZ	emergency planning zone	应急计划区
EQ	environmental qualification	环境鉴定
ER	environmental report	环境报告
ESF	engineered safety feature	专设安全设施
ET	event tree	事件树
ETR	engineering test reactor	工程试验堆

F

FA	fuel assembly	燃料组件
FAQ	frequently asked question	常见问题
FBR	fast breeder reactor	快中子增殖堆
F-C	frequency-consequence	频率-后果曲线
FCD	first concrete date	首罐混凝土浇筑期
FDS	fire dynamics simulator	火灾动力学模拟器
FFHR	fusion-fission hybrid reactor	聚变裂变混合堆
FGR	fission gas release	裂变气体释放
FHA	fire hazard analysis	火灾危害性分析
FM	fuelling machine	装料机
FMEA	failure mode and effect analysis	故障模式和影响分析
FOSID	frequency of onset of significant inelastic deformation	显著非弹性变形的发生频率

FPGA	field-programmable gate array	现场可编程门阵列
FPP	fire protection program	防火大纲
FRSS	fire risk scope study	火灾风险范围研究
FSAR	final safety analysis report	最终安全分析报告
FT	fault tree	故障树
FTR	fast test reactor	快中子试验堆

G

GBSR	graphite-moderated boiling and superheating reactor	石墨慢化沸腾过热反应堆
GCBR	gas-cooled breeder reactor	气冷增殖堆
GCFBR	gas-cooled fast breeder reactor	气冷快中子增殖堆
GCFR	gas-cooled fast reactor	气冷快堆
GCR	gas-cooled reactor	气冷堆
GDC	general design criteria	通用设计准则
GDP	gaseous diffusion plant	气体扩散装置
GM	Geiger-Mueller	盖革-米勒
GMC	ground motion characterization	地震动模型
GMRS	ground motion response spectra	地震动响应谱
GSA	general separations area	一般隔离区
GSI	generic safety issue	通用安全问题
Gz	Graetz number	格雷兹数

H

H&S	health and safety	健康和安全
HAC	hypothetical accident conditions	假设的事故条件
HBF	high-burnup fuel	高燃耗燃料
HBU	high burnup	高燃耗
HDL	hardware description language	硬件描述语言
HCLPF	high confidence of low probability of failure	高置信度低失效概率
HELB	high energy line break	高能管道破裂
HEP	human error probability	人因失误概率
HFBR	high flux beam research reactor	高通量中子束研究堆
HFE	human factors engineering	人因工程
HFTR	high-flux test reactor	高通量试验堆
HLR	high level requirement	高层次要求
HMI	human-machine interface	人机接口
HPIC	high-pressure ionization chamber	高压电离室
HRA	human reliability analysis	人员可靠性分析
HTBR	high-temperature gas-cooled breeder reactor	高温气冷增殖堆
HTGR	high-temperature gas-cooled reactor	高温气冷堆
HTMSR	high temperature molten-salt reactor	高温熔盐堆
HTTR	high temperature thorium reactor	高温钍反应堆
HVAC	heating，ventilation，and air conditioning	加热、通风和空调
HWGCR	heavy water moderated gas-cooled reactor	重水慢化气冷堆

HWR	heavy-water reactor	重水堆

I

IAEA	International Atomic Energy Agency	国际原子能机构
IC	initial condition	初始条件
I&C	instrumentation and control	仪表和控制
ICDP	increment core damage probability	堆芯损坏概率增量
ICPD	ingestion and commodities planning distance	食入和商品计划距离
ICRP	International Commission on Radiological Protection	国际放射防护委员会
ICRU	International Commission on Radiation Units and Measurements	国际辐射单位和测量委员会
IE	initiating event	始发事件
IEEE	Institute for Electrical and Electronic Engineers	（美国）电气和电子工程师协会
IERP	independent external review panel	独立外部评估团
IF	internal flooding	内部水淹
IHP	integrated head package	一体化顶盖
ILERP	increment large early release probability	早期大量放射性释放概率增量
INES	international nuclear and radiological event scale	国际核与辐射事件分级表
IOER	inner operation event report	内部运行事件报告
IP	inspection procedure	检查程序
IPWR	integrated pressurized-water reactor	一体化压水堆
IRWST	in-containment re-fueling water storage tank	安全壳内置换料水箱
ISA	integrated safety analysis	综合安全分析
ISFSI	independent spent fuel storage installation	独立乏燃料贮存装置
ISI	in-service inspection	在役检查
ISLOCA	interface loss-of-coolant accident	界面系统失水事故
IX	ion exchange	离子交换

J

J&A	justification and approval	判定和批准
JIT	just in time	及时报告

K

K_d	distribution coefficient	分布系数
k_{eff}	"k" effective-neutron multiplication factor	"k" 有效中子倍增系数

L

LA	license application	执照申请
LAR	license amendment request	执照文件修改请求
LBB	leak-before-break	破前漏
LCO	limiting condition for operation	运行限制条件
LET	linear energy transfer	传能线密度
LERF	large early release frequency	早期大量放射性释放频率

LGR	light-water-cooled graphite-moderated reactor	轻水冷却石墨慢化堆
LLD	lower limit of detection	探测下限
LMFBR	liquid metal fast breeder reactor	液态金属冷却快中子增殖堆
LMFR	liquid metal fuel reactor	液态金属燃料反应堆
LNT	linear-no threshold	线性无阈
LOCA	loss-of-coolant accident	丧失冷却剂事故（简称失水事故）；反应堆冷却剂丧失
LOOP	loss of offsite power	失去场外电源
LT	leak testing	泄漏测试
LTC	long-term cooling	长期冷却
LTP	license termination plan	许可终止计划
LTSP	long-term surveillance plan	长期监督计划
LWR	light-water reactor	轻水堆

M

MBA	material balance area	材料平衡区
MCA	mechanical control absorber	机械吸收棒
MCE	maximum credible earthquake	最大可信地震
MCR	main control room	主控制室
MD	management directive	管理指令
MDA	minimum detectable activity	最低可探测活度
MDC	minimum detectable contamination	最小可探测污染
MF	monitoring factor	监测因子
MFFF	mixed-oxide fuel fabrication facility	MOX 燃料制造设施
MNOP	maximum normal operating pressure	最大正常运行压力
MOV	motor operated valve	电动阀
MOX	mixed-oxide fuel	混合氧化物燃料
MR	maintenance rule	维修规则
MRC	maintenance rule coordinator	维修规则协调人
MREP	maintenance rules expert group	维修规则专家组
MS	margin of safety	安全裕度
MSBR	molten salt breeder reactor	熔盐增殖堆
MSL	mean sea level	平均海平面
MSLB	main steam line break	主蒸汽管道破裂
MSR	molten salt reactor	熔盐堆
MSR	merchant-ship reactor	商用舰船反应堆
MT	magnetic particle examination	磁粉探伤/磁粉检验
MTBF	mean time between failure	平均无故障工作时间
MTR	materials testing reactor	材料试验堆
MTTF	mean time to failure	平均故障（失效）前时间
MTTR	mean time to repair	平均修复时间

N

NDE	nondestructive examination	无损检验

NDT	nil-ductility transition	无塑性转变/脆性转变
NDT	nondestructive testing	非破坏性试验
NERO	North-Eastern Regional Office of Nuclear and Radiation Safety Inspection，Ministry of Ecology and Environment	生态环境部东北核与辐射安全监督站
NI	nuclear island	核岛
NMEMC	National Marine Environmental Monitoring Center	国家海洋环境监测中心
NNSA	National Nuclear Safety Administration	国家核安全局
NORM	naturally occurring radioactive materials	天然放射性物质
NPP	nuclear power plant	核动力厂
NPR	new production reactor	新型生产堆
NPR	nuclear power reactor	核动力堆
NPSH	net positive suction head	净正吸入压头
NRC	Nuclear Regulatory Commission	（美国）核管理委员会
NRO	Northern Regional Office of Nuclear and Radiation Safety Inspection，Ministry of Ecology and Environment	生态环境部华北核与辐射安全监督站
NSA	neutron source assembly	中子源组件
NSC	Nuclear and Radiation Safety Center，Ministry of Ecology and Environment	生态环境部核与辐射安全中心
NSSS	nuclear steam supply system	核蒸汽供应系统
NWRO	North-Western Regional Office of Nuclear and Radiation Safety Inspection，Ministry of Ecology and Environment	生态环境部西北核与辐射安全监督站

O

OBE	operating-basis earthquake	运行基准地震
OE	operating event	运行事件
OE	operating experience	运行经验
OECD	Organization for Economic Co-operation and Development	经济合作与发展组织
OECD-NEA	Organization for Economic Co-operation and Development-Nuclear Energy Agency	经济合作与发展组织核能署
OEL	occupational exposure limit	职业照射限值
OFA	optimized fuel assembly	优化燃料组件
OL	operating license	运行许可证
OIL	operational intervention level	操作干预水平
OMR	organic-moderated reactor	有机慢化反应堆
OSC	operating support center	运行支持中心
OSS	operator support system	操纵人员支持系统

P

| P&ID | piping and instrumentation diagrams | 管道仪表图 |
| PA | performance assessment | 性能评价 |

PAG	protective action guideline	防护行动指南
PCMI	China Productivity Center for Machinery Co.，Ltd.	中机生产力促进中心有限公司
PCS	passive containment cooling system	非能动安全壳冷却系统
PCSA	preclosure safety analysis	停闭前安全分析
PCT	peak cladding temperature	包壳峰值温度
PDCA	plan-do-check-action	计划-执行-检查-处理
PDS	plant damage state	电厂损伤状态
PG	power grade	功率等级
PGA	peak ground acceleration	峰值地面加速度
PHWR	pressurized heavy-water reactor	加压重水堆
PLBR	prototype large breeder reactor	大型原型增殖堆
PIE	postulated initiating event	假设始发事件
PM	project manager	项目经理
PMF	probable maximum flood	可能最大洪水
PMP	probable maximum precipitation	可能最大降水
POA&M	plan of action and milestones	行动计划和里程碑
POS	plant operational state	电厂运行状态
PPE	personal protective equipment	人员防护设备
PPS	preferred power supply	优先电源
PRA	probabilistic risk assessment	概率风险评价
PSA	probabilistic safety analysis	概率安全分析
PSAR	preliminary safety analysis report	初步安全分析报告
PSD	power spectral density	功率谱密度
PSF	performance shaping factor	行为形成因子（绩效形成因子）
PSHA	probabilistic seismic hazard analysis	概率地震危险性分析
PSI	pre-service inspection	役前检查
PTHA	probabilistic tsunami hazard analysis	海啸危险概率分析
PTR	pressure tube reactor	压力管式（反应）堆
PVHA	probabilistic volcanic hazard analysis	概率火山危险性分析
PWR	pressurized-water reactor	压水（反应）堆

Q

QA	quality assurance	质量保证
QAP	quality assurance program	质量保证大纲
QASP	quality assurance surveillance plan	质量保证监督计划
QC	quality control	质量控制

R

rad	radiation absorbed dose	辐射吸收剂量
RAM	radioactive material	放射性物品
RBE	relative biological effectiveness	相对生物效能
RCA	radiation controlled area	辐射控制区
RCA	root cause analysis	根本原因分析
RCCA	rod cluster control assembly	控制棒组件

RCM	reliability centred maintenance	以可靠性为中心的维修
RCP	reactor coolant pump	反应堆冷却剂泵
RCPB	reactor coolant pressure boundary	反应堆冷却剂压力边界
RCS	reactor cooling system	反应堆冷却剂系统
RED	radiation emitting device	辐射发射装置
rem	roentgen equivalent man	人体伦琴当量
RG	NRC regulatory guide	美国核管会监管导则
RH	relative humidity	相对湿度
RHR	residual heat removal	余热排出
RIDM	risk-informed decision making	风险指引综合决策
RIS	regulatory issue summary	监管问题概要
RITS	risk-informed technical specification	风险指引型技术规格书
RLME	repeated large-magnitude earthquake	可重复发生的强震
RMTC	Radiation Monitoring Technical Center of Ministry of Ecology and Environment	生态环境部辐射环境监测技术中心
RMTF	risk management task force	风险管理专项工作组
RMTS	risk management technical specification	风险管理型技术规格书
RO	reactor operator	操纵员
RO	reverse osmosis	反向渗透
ROP	reactor oversight process	反应堆监督规程
RPV	reactor pressure vessel	反应堆压力容器
RRS	required response spectrum	要求反应谱
RT	radiographic examination	射线检查
RTD	resistance thermometer detector	电阻温度计
RVT	random vibration theory	随机振动理论
RWP	radiation work permit	辐射工作许可证
RWST	refueling water storage tank	换料水箱
RY	reactor-year	堆年

S

SA	spectral acceleration	加速度谱
SA	severe accidents	严重事故
SAR	safety analysis report	安全分析报告
SBO	station blackout	全厂断电
SC	seismic category	抗震类别
SCC	stress corrosion cracking	应力腐蚀开裂
SCFBR	steam-cooled fast breeder reactor	蒸汽冷却快中子增殖堆
SCO	surface contaminated object	表面污染物品
SCR	sodium-cooled reactor	钠冷反应堆
SCRO	Southern Regional Office of Nuclear and Radiation Safety Inspection, Ministry of Ecology and Environment	生态环境部华南核与辐射安全监督站
SDC	seismic design category	抗震设计类别
SDE	shallow（skin）dose equivalent	浅（皮肤）当量剂量

SDMP	site decommissioning management plan	厂址退役管理计划
SDOF	single degree-of-freedom	单自由度
SDV	screening distance value	筛选距离值
SEFR	shielding experiment facility reactor	屏蔽实验装置反应堆
SEL	seismic equipment list	地震设备清单
SEM	scanning electron microscopy	扫描电子显微镜检查法
SER	safety evaluation report	安全评估报告
SFP	spent fuel pool	乏燃料池
SFR	sodium-cooled fast reactor	钠冷快堆
SG	steam generator	蒸汽发生器
SGHWR	steam-generating heavy-water reactor	产生蒸汽的重水堆
SGTR	steam generator tube rupture	蒸汽发生器传热管破裂
SGTS	standby gas treatment system	备用气体处理系统
SMA	seismic margin assessment	抗震裕度评价
SME	seismic margin earthquake	抗震裕度地震
SNERDI	Shanghai Nuclear Engineering Research & Design Institute Co.，Ltd.	上海核工程研究设计院股份有限公司（上海核安全审评中心）
SNF	spent nuclear fuel	乏燃料
SNPI	Suzhou Nuclear Power Research Institute Co.，Ltd.	苏州热工研究院有限公司（苏州核安全中心）
SOER	significant operating experience report	重要运行经验报告
SOP	standard operating procedure	正常运行规程
SPDS	safety parameter display system	安全参数显示系统
SPND	self-powered neutron detector	自给能中子探测器
SPL	screening probability level	筛选概率水平
SPRA	seismic probabilistic risk assessment	地震概率风险评价
SPV	single point vulnerability	关键敏感设备
SR	surveillance requirement	监督要求
SR	support requirements	支持性要求
SRO	senior reactor operator	高级操纵员
SRP	standard review plan	标准审查大纲
SSA	safe shutdown analysis	安全停堆分析
SSCs	structures systems and components	构筑物、系统和设备（部件）
SSCR	spectral shift control reactor	谱移控制反应堆
STI	surveillance test interval	监督试验间隔
STIR	shield test and irradiation reactor	屏蔽试验和辐照反应堆
STR	strength	强项
SWNRO	South-Western Regional Office of Nuclear and Radiation Safety Inspection，Ministry of Ecology and Environment	生态环境部西南核与辐射安全监督站
SWU	separative work unit	分离功单位

T

T&R	trustworthiness and reliability	可信度和可靠性

TAD	transportation，ageing and disposal	运输、老化和处置
TAR	technical assistance request	技术支持需求
TER	technical evaluation report	技术评估报告
TG	turbine generator	汽轮发电机
TG	technical guideline	技术指南
THERP	technique for human error rate prediction	人因失误率预测技术
THTR	thorium high-temperature reactor	钍高温堆
TI	temporary instruction	临时指令
TI	technical integrator	技术集成
TLAA	time limited ageing analysis	时限老化分析
TLD	thermoluminescent dosimeter	热释光剂量计
TMI	Three Mile Island	三哩岛
TPA	total-system performance assessment	整体系统性能评价
TR	technical report	技术报告
TR	topical report	专题报告
TRR	test and research reactor	试验和研究用反应堆
TRS	test response spectrum	试验反应谱
TS	technical specification（s）	技术规格书
TSAR	topical safety analysis report	专题安全分析报告
TSC	technical support center	技术支持中心

U

UCL	upper control limit	控制上限
UHS	uniform hazard spectrum	一致危险性反应谱
UNSCEAR	United Nations Scientific Committee on the Effects of Atomic Radiation	联合国原子辐射影响科学委员会
UPS	uninterruptible power supply	不间断电源
UT	ultrasonic examination	超声波检查

V

VDU	visual display unit	可视显示器
V&V	verification and validation	验证与确认
V/H	vertical-to-horizontal ratio	垂直到水平的比率
VHTR	very high-temperature gas-cooled reactor	超高温气冷堆

W

WAC	waste acceptance criteria	废物接收准则
WANO	World Association of Nuclear Operators	世界核电运营者协会
WG	working group	工作组

X

Y

Z

ZPA	zero period acccleration	零周期加速度
ZPR	zero power reactor	零功率堆

术语索引

英文索引

A

containment	包容	10
contamination zone	污染区	150
continuous rating（of diesel-generator unit）	（柴油发电机组的）持续功率	20
（monitoring）contrast site	（监测）对照点	30
control rod	控制棒	95
control rod drive mechanism（CRDM）	控制棒驱动机构	95
control rod guide thimble	控制棒导向管	95
control rod worth	控制棒价值	95
control room system	控制室系统	96
control system	控制系统	96
controlled area	控制区	95
controlled state	可控状态	93
（exercise）controller	（应急演习）监控员	88
conversion ratio	转换比	185
core catcher	堆芯捕集器	29
core components	（堆芯）燃料相关组件	119
core damage frequency	堆芯损坏频率	30
core grid	堆芯栅板	30
core spray system	堆芯喷淋系统（沸水堆）	29
corrective maintenance	纠正性维修	91
"cradle to grave"approach	全寿期管理（"从摇篮到坟墓"的方案）	118
critical accident	临界事故	101
critical assembly	临界装置	102
critical boron concentration	临界硼浓度	101
critical group of people	关键人群组	66
critical heat flux	临界热流密度	101
critical mass	临界质量	101
critical position of control rod	临界棒位	100
critical seismic characteristics	关键抗震特性	65
critical size	临界尺寸	100
critical	临界的	100
critical（subcritical）flow	临界（次临界）流	101
（security）critical system	（安保）关键系统	66
critical volume	临界体积	101
criticality	临界	100
criticality safety index（CSI）	临界安全指数	100
cutoff frequency	频率截断值	112

D

damping	阻尼	188
dashpot drop time	缓冲落棒时间	78
decay heat of the spent fuel	乏燃料的衰变热	33
decommissioning	退役	143
decommissioning option	退役方案	143

（security）physical barrier	（安保）实体屏障	130
physical protection	实物保护	130
physical protection measures	实物保护措施	131
physical protection system	实物保护系统	131
physical separation	实体隔离	130
planned exposure situation	计划照射情况	84
planning restriction area	规划限制区	67
planning target volume	计划靶体积	83
plant emergency	厂房应急	18
plume emergency planning zone	烟羽应急计划区	160
（neutron）poison	（中子）毒物	28
population accumulation area	人口集中地区	122
pore velocity	孔隙速度（渗透速度）	95
porosity	孔隙率	95
porosity（effective）	孔隙率（有效的）	95
portable radiation environmental automatic monitoring unit	投放式辐射环境自动监测装置	143
post operation	停运	141
postulated initiating event	假设始发事件	87
postulated siting accident	选址假想事故	159
potential exposure	潜在照射	115
power coefficient of reactivity	反应性功率系数	38
power coefficient	功率系数	61
power defect	功率亏损	60
power distribution	功率分布	60
power escalation test	功率提升试验	61
power range	功率量程	60
power reactor	动力（反应）堆	27
（condition）practical elimination	（工况）实际消除	130
（radiation protection）practice	（辐射防护）实践	130
precautionary action zone	预防行动区	171
precritical test	临界前试验	101
predictive maintenance	预见性维修	172
preferred power supply（PPS）	优先电源	170
pre-service inspections	役前检查	164
pressure boundary	压力边界	160
pressure coefficient of reactivity	反应性压力系数	39
pressure suppression system	压力抑制系统	160
pressure tube reactor（PTR）	压力管式（反应）堆	160
pressure tubes	压力管（重水堆）	160
pressurized-water reactor（PWR）	压水（反应）堆	160
pressurizer	稳压器	150
pressurizer relief tank	稳压器卸压箱	150

risk without maintenance	零维修风险	102
robustness	坚稳性（鲁棒性）	87
root cause	根本原因	59
root cause analysis（RCA）	根本原因分析	59
rotating shield plug	旋转屏蔽塞（旋塞）	159
routine test	常规试验	17

S

sabotage	破坏	113
sabotage logic model	破坏逻辑模型	113
safe end	安全端	2
safe shutdown	安全停堆	6
safety actuation system	安全执行系统	7
safety analysis	安全分析	3
safety analysis report	安全分析报告	3
safety basis	安全基准	4
safety categorization	安全分类	3
safety class	安全等级	2
safety classification	安全分级	3
safety features for design extension conditions	用于设计扩展工况的安全设施	170
safety function	安全功能	4
safety group	安全组合	9
safety important items	安全重要物项	8
safety important position	安全重要岗位	8
safety indicator	安全指标	7
safety injection system	安全注入系统	8
（imported equipment）safety inspection	（进口设备）安全检验	4
safety issues	安全问题	6
safety items	安全级物项	4
safety layers	安全层	2
safety limit	安全限值	7
safety margin	安全裕度	7
safety parameter display system（SPDS）	安全参数显示系统	2
safety related items	安全有关物项	7
safety rod	停堆棒（安全停堆棒）	140
safety state	安全状态	9
safety（nuclear safety）	安全（核安全）	1
safety system	安全系统	6
safety system settings	安全系统整定值	7
safety system support features	安全系统辅助设施	6
sample equipment	样本设备	162
scalability，scaling	比例分析能力	12
（exercise）scenario	（演习）情景	117
scour	冲刷	20

参考资料

1　中华人民共和国核安全法

2　中华人民共和国放射性污染防治法

3　核电厂核事故应急管理条例

4　放射性废物安全管理条例

5　民用核安全设备监督管理条例

6　放射性物品运输安全管理条例

7　HAF 001/01—2019　核动力厂、研究堆、核燃料循环设施安全许可程序规定

8　HAF 001/01/01—2021　民用核设施操作人员资格管理规定

9　HAF 001/02/01—2020　核动力厂营运单位核安全报告规定

10　HAF 002/01—1998　核电厂营运单位的应急准备和应急响应

11　HAF 003—1991　核电厂质量保证安全规定

12　HAF 101—2023　核动力厂厂址评价安全规定

13　HAF 102—2016　核动力厂设计安全规定

14　HAF 103—2022　核动力厂调试和运行安全规定

15　HAF 201—1995　研究堆设计安全规定

16　HAF 202—1995　研究堆运行安全规定

17　HAF 301—1993　民用核燃料循环设施安全规定

18　HAF 601—2019　民用核安全设备设计制造安装和无损检验监督管理规定

19　HAF 604—2019　进口民用核安全设备监督管理规定

20　核动力厂管理体系安全规定

21　核动力厂营运单位核安全报告指南

22　国核安发〔2017〕173 号　改进核电厂维修有效性的技术政策（试行）

23　国核安发〔2019〕262 号　核电厂配置风险管理的技术政策（试行）

24　国核安发〔2019〕267 号　民用核安全设备焊工焊接操作工技能评定

25　国核安发〔2020〕298 号　核动力厂网络安全技术政策（试行）

26　HAD 002/01—2019　核动力厂营运单位的应急准备和应急响应

27　HAD 002/03—1991　核事故应急时对公众防护的干预原则和水平

28　HAD 002/08—2022　压水堆核动力厂应急行动水平制定

29　HAD 003/01—1988　核电厂质量保证大纲的制定

30　HAD 003/05—1988　核电厂质量保证监查

31　HAD 003/06—1986　核电厂设计中的质量保证

32　HAD 003/08—1986　核电厂物项制造中的质量保证

33　HAD 101/01—1994　核电厂厂址选择中的地震问题

34　HAD 101/04—1989　核电厂厂址选择的外部人为事件

35　HAD 101/06—1991　核电厂厂址选择与水文地质的关系

36　HAD 101/08—1989 滨河核电厂厂址设计基准洪水的确定

37　HAD 101/09—1990 滨海核电厂厂址设计基准洪水的确定

38　HAD 102/02—2019 核动力厂抗震设计与鉴定

39　HAD 102/03—1986 用于沸水堆、压力堆和压力管式反应堆的安全功能和部件分级

40　HAD 102/05—1989 与核电厂设计有关的外部人为事件

41　HAD 102/06—2020 核动力厂反应堆安全壳及其有关系统的设计

42　HAD 102/10—2021 核动力厂仪表和控制系统设计

43　HAD 102/11—2019 核动力厂防火与防爆设计

44　HAD 102/12—2019 核动力厂辐射防护设计

45　HAD 102/18—2017 核动力厂安全分析用计算机软件开发与应用（试行）

46　HAD 102/19—2021 核动力厂确定论安全分析

47　HAD 102/21—2021 核动力厂人因工程设计

48　HAD 103/03—1986 核电厂堆芯和燃料管理

49　HAD 103/05—2013 核动力厂人员招聘、培训和授权

50　HAD 103/11—2006 核动力厂定期安全审查

51　HAD 103/12—2024 核动力厂老化管理

52　HAD 103/14—2023 核动力厂修改的管理

53　HAD 202/04—1992 研究堆和临界装置退役

54　HAD 202/06—2010 研究堆维修、定期试验和检查

55　HAD 202/07—2012 研究堆堆芯管理和燃料装卸

56　HAD 301/01—2021 核燃料循环前段设施安全分析报告标准格式与内容

57　HAD 301/02—1998 乏燃料贮存设施的设计

58　HAD 301/03—1998 乏燃料贮存设施的运行

59　HAD 301/04—1998 乏燃料贮存设施的安全评价

60　HAD 401/01—1990 核电厂放射性排出流和废物管理

61　HAD 401/02—1997 核电厂放射性废物管理系统的设计

62　HAD 401/08—2016 核设施放射性废物最小化

63　HAD 401/10—2020 放射性废物地质处置设施

64　HAD 501/02—2018 核设施实物保护

65　HAD 501/04—2008 核设施出入口控制

66　GB 6249—2025 核动力厂环境辐射防护规定

67　GB 11806—2019 放射性物品安全运输规程

68　GB 14500—2002 放射性废物管理规定

69　GB 17741—2005 工程场地地震安全性评价

70　GB 18871—2002 电离辐射防护与辐射源安全基本标准

71　GB 50267—2019 核电厂抗震设计标准

72　GB/T 4960.2—2023 核科学技术术语　第2部分：裂变反应堆

73　GB/T 4960.3—2010 核科学技术术语　第3部分：核燃料与核燃料循环

74　GB/T 5203—2011 核反应堆安全逻辑装置特性和检验方法

75　GB/T 5204—2021 核电厂安全系统定期试验与监测
76　GB/T 9225—2022 核电厂系统与其他核设施可靠性分析应用指南
77　GB/T 12727—2023 核电厂安全重要电气设备鉴定
78　GB/T 12788—2008 核电厂安全级电力系统准则
79　GB/T 13284.1—2008 核电厂安全系统　第 1 部分：设计准则
80　GB/T 13285—1999 核电厂安全重要系统和部件的实体防护
81　GB/T 13286—2021 核电厂安全级电气设备和电路独立性准则
82　GB/T 13538—2017 核电厂安全壳电气贯穿件
83　GB/T 13625—2018 核电厂安全级电气设备抗震鉴定
84　GB/T 13626—2021 单一故障准则应用于核电厂安全系统
85　GB/T 13627—2021 核电厂事故监测仪表准则
86　GB/T 13630—2015 核电厂控制室设计
87　GB/T 13631—2023 核电厂辅助控制室设计准则
88　GB/T 13976—2021 压水堆核电厂运行状态下的放射性源项
89　GB/T 16702—2019 压水堆核电厂核岛机械设备设计规范
90　GB/T 17569—2021 压水堆核电厂物项分级
91　GB/T 17680.4—1999 核电厂应急计划与准备准则　场外应急计划与执行程序
92　GB/T 17680.5—2008 核电厂应急计划与准备准则　第 5 部分：场外应急响应能力
　　的保持
93　GB/T 17680.6—2003 核电厂应急计划与准备准则　场内应急响应职能与组织机构
94　GB/T 17680.7—2003 核电厂应急计划与准备准则　场内应急设施功能与特性
95　GB/T 17680.12—2008 核电厂应急计划与准备准则　第 12 部分：核应急练习与演
　　习的计划、准备、实施与评估
96　GB/T 19597—2004 核设施退役安全要求
97　GB/T 35730—2017 非能动安全系统压水堆核电厂总设计要求
98　GB/T 36041—2018 压水堆核电厂安全重要变量监测准则
99　GB/T 36044—2018 核电厂安全重要电气设备鉴定规程
100　GB/T 41143—2021 核电厂仪表和控制术语
101　GB/T 41717—2022 核电厂老化管理与寿命管理术语
102　HJ 1128—2020 核动力厂核事故环境应急监测技术规范
103　HJ 808—2016 环境影响评价技术导则　核电厂环境影响报告书的格式和内容
104　HJ 61—2021 辐射环境监测技术规范
105　NB/T 20027—2010 核电厂主控制室报警功能与显示
106　NB/T 20037.1—2017RK 应用于核电厂的一级概率安全评价　第 1 部分：总体要求
107　NB/T 20057.4—2012 压水堆核电厂反应堆系统设计　堆芯　第 4 部分：燃料相关组件
108　NB/T 20100—2016RK 压水堆核电厂反应堆冷却剂系统和主蒸汽系统超压分析要求
109　NB/T 20138—2012 核电厂个人和工作场所辐射监测
110　NB/T 20403—2017RK 压水堆核电厂隔间压力与温度瞬态分析
111　NB/T 20404—2017RK 压水堆核电厂安全壳压力和温度瞬态分析

112 NB/T 20406—2017RK 压水堆核电厂流体系统的安全壳隔离装置
113 NB/T 20435—2017RK 压水堆核电厂反应堆调试启动堆芯物理试验
114 NB/T 20443—2017RK 核电厂运行辐射防护规定
115 NB/T 20444—2017RK 压水堆核电厂设计基准事故源项分析准则
116 NB/T 20449—2017RK 核电厂应急柴油发电机组燃油系统设计准则
117 NB/T 20470—2017RK 核电厂选址假想事故源项分析准则
118 NB/T 20472—2017RK 压水堆核电厂核岛工艺系统管道布置设计准则
119 NB/T 20485—2018RK 核电厂应急柴油发电机组设计和试验要求
120 NB/T 20489—2018 核电厂事件根本原因分析方法
121 NB/T 20516—2018 轻水堆核电厂假想管道破损事故防护设计准则
122 中国电力百科全书 核能发电卷（第三版），丁中智，中国电力出版社，2014 年
123 中国环境百科全书 核与辐射安全（第三版），潘自强，中国环境出版社，2015 年
124 辐射防护手册 第三分册 辐射安全，李德平、潘自强，原子能出版社，1990 年
125 辐射安全手册精编，潘自强，科学出版社，2014 年
126 电离辐射防护与安全基础，杨朝文，原子能出版社，2009 年
127 IAEA Nuclear Safety and Security Glossary，IAEA，2022（Interim）Edition，2022
128 Collection of Abbreviations，U.S.NRC，NUREG-0544 Rev.5，2016